軟技能象限介紹

職場技能的槓桿放大術，讓你不過時不貶

U0153046

- 先認真閱讀「使用說明書」
  ——暢銷書《通往財富自由之路》作者李笑來
- 觀察力不會被 AI 取代
  ——得到專欄作家賈行家
- 用邏輯思考抓住讀者的注意力
  ——暢銷書《底層邏輯》作者劉潤
- 讀得仔細，讀完一本有一本的收穫
  ——作家和菜頭
- 確定目標，隨時根據目標來決定當下的行動
  ——商業觀察家蔡鈺
- 判讀核心目標並學會管理，這就是複雜問題的解決方案
  ——大數據專家劉嘉
- 「開始行動」帶來的自我覺察
  ——一萬小時心理諮詢師李松蔚

專家
刻意練習，有效
提升軟技能，
形成個人
比較優勢

軟技能的訓練

跨界打造軟技

- 人際關係的構建與調整，是領導者最需要在意的事
  ——著名教育家李希貴
- 兼具理性與邏輯的溝通方法，每個人都需要
  ——神經生物學家王立銘
- 給人提供價值，讓自己獲得支持
  ——人際關係洞察家熊太行
- 不僵化的開放思想，就能把困難化為趨勢
  ——科學家李鐵夫
- 站在對方的角度，說服的同時也準備好解決的方案
  ——戰史專家徐棄郁
- 一般人也必須理解的危機處理能力
  ——清華大學法學副教授劉晗
- 用未來的方式教今天的孩子
  ——家校關係教育專家沈祖芸

跨界
借鏡其他領域，
移植跨界思路

值不消失

學者
對軟技能的
知識升級

科目

軟技能的底層邏輯

軟技能轉化為競爭力

能

實踐
用軟技能影響他人，
改善自身處境

- 做出正確選擇的能力
  —— 科學作家萬維鋼
- 判斷可以做什麼事的能力
  —— 時代領航者吳軍博士
- 鍛鍊解決系統性複雜問題的能力
  —— 著名金融學者香帥
- 保有批判性思維
  —— 北大史學博士施展
- 提問能力的重要
  —— 經濟學者薛兆豐
- 訓練把握事務核心的能力
  —— 大趨勢經濟學家何帆
- 保持冷靜的大腦做對的人生決策
  —— 教育科技公司創始人老喻
- 找到自己的基本盤
  —— 清華大學管理學院教授寧向東

- 聽者與說者都理解的溝通能力
  —— 知名哲學教授劉擎
- 吃飯點菜的飯局人際學
  —— 上海海派菜文化研究院院長傅駿
- 把事先做對再做好的聰明工作術
  —— 知名廣告人東東槍
- 刻意練習你的「非授權領導力」
  —— 金牌商業教練湯君健
- 「開口說就戰勝」不社恐的社交能力
  —— 資深媒體人王爍
- 透過關係的視角看清楚事實背後的訊息
  —— 知名心理諮商師陳海賢
- 打造社交力，不錯過不該錯過的人
  —— 企業管理培訓專家戴愫
- 打造有意義的人際關係
  —— 知名產品人梁寧

SOFT

軟技能

SKILLS

讓你不過時、不貶值、不消失

————工作與人生的升級說明書————

劉潤、李笑來、萬維鋼、
吳軍、劉擎、薛兆豐———等著

序言

羅振宇

當年高中文理分科的時候，一位老師苦口婆心地勸我：「你還是學理工科吧，文科的本事不硬啊。」

老師的話，我雖然沒聽，但她講的道理，我一直是認的：行走江湖，身段不妨稍軟，而本事必須夠硬。

那什麼樣的本事才夠硬呢？標準明確、邊界清晰的技能。說白了，就是那些上得了考場、分得出高下、定得了輸贏的技能。無論是拳腳弓馬，還是數理生化，都算。

對硬技能的篤信，可不僅僅是我們這代人的特點。它深深地嵌在我們民族的文化基因裡。

作為一個農耕民族的後代，我們希望「日出而作，日入而息」，「帝力於我何有哉！」我的能力加努力，最好就能直接兌換成我的收穫。請不要用其他因素來干擾我對世界的控制感。

作為一個恐懼災變的民族的後代，我們堅信「家有千金，不如一

3

技傍身」。就算什麼都沒了，我還能剩下一個隻身闖天涯的謀生本領。

作為一個渴望公平的民族的後代，我們期待「是騾子是馬，拉出來遛遛 [1]」。透過一次次比試、一場場評測，我的力量被顯性表達、被眾人仰見、被不可撤回地承認，再也沒有人可以偷走我的努力。

對於不甘平庸而又渴望公平的人來說，考場就是我們的教堂，硬技能就是我們的甲冑。

——

是甲冑的東西，往往也是軟肋。對硬技能的信仰，正在被現實挑戰。

例如「三十五歲現象」。現在的招聘廣告上，經常毫不遮掩地寫著「只要三十五歲以下」的歧視性條件。那麼多進入「大廠」的青年俊傑，到了三十五歲，經常是說被清退就被清退了。

這事其實比表面看上去還要令人悲傷。神經科學家告訴我們：人腦的認知能力四十歲左右達到頂峰，七十歲之後才開始衰退。如果一個人在三十五歲被淘汰，這就意味著：硬技能只為他贏得了上場的機會，而一個人最尊貴、最有潛力的部分——大腦——自始至終沒有全力參賽。他作為一個完整的人，尚未充分展開，就要被迫離場。

「三十五歲現象」是對中國人口紅利的揮霍嗎？是對青年人的粗暴和不公嗎？

是。但事情還有另外一個側面。

1　註：中國俗語，意思是形容一個人不要嘴上說的好聽，有真本事的話就做幾件事情看看，是好是壞自有分辨。

你發現沒有？即使在以冷漠著稱的「大廠」裡，也依然有很多三十五歲以上的工作者。他們憑什麼可以留在職場？不是說不招聘三十五歲以上的人嗎？

答案是：大量三十五歲以上的人，往往不是通過社會招聘來獲取職位的。他們求職的方式說起來也不新鮮，無非就是朋友介紹、職場內推、品牌加持、獵頭尋找。說白了，三十五歲的人，只要有了一些人脈圈子，或者一點江湖聲望，無論多少，他們都不再需要面對社會招聘這種「硬槓槓」的測試了。另有一些隱秘通道在引導他們的去向，另有一套衡量機制來審視他們的價值。

他能不能帶起一個團隊？他能不能給工作氛圍帶來正面影響？他在公司外的人際資源如何？他能不能為公司品牌增值？⋯⋯你看出來了，這些維度上的考量遠遠超過了對一個人硬技能的考量。

說到這裡，我們才觸及了本書的核心命題——軟技能。

軟技能是什麼？

軟技能不是「本事不夠，態度來湊」，不是「用情商替代智商」，不是「用人際關係迴避正面競爭」，甚至不是和硬技能並列的另一種技能。

軟技能是我們人生中必將迎來的一次能力升級。如果非要給一個時間的話，它大概發生在三十五歲左右。

三十五歲之前，我們可以是一個點。社會用硬技能的標準來衡量我們：牢靠不牢靠？粗壯不粗壯？

三十五歲之後，我們必須從一個點擴展成一張網。社會用軟技能的標準來衡量我們：有多少正向影響力？能組織多少人共赴協作？

自此之後，我和我的網，將被一起衡量。

其實，這樣的要求古已有之。孔子當年就說，「君子之德，風。小人之德，草」。剛開始的時候，我們隨風俯仰，即使再根深葉茂，也不過是一株草。如果終有一天，我成長為一名君子，那我就會像風一樣，方向明確、浩蕩而行、吹拂草木、影響他人。

有一次，我和梁寧老師聊天。她說，人的能力可以用三種尺度來衡量：技能、資源和影響。

技能，是一個「點」，越多越好；資源，是一個「盤」，越結構化越好；影響，是一種「力」，越可持續越好。

你看，人一生的成長，就是從追求自身的「技能點」，到維護空間中的「資源盤」，再到延續時間中的「影響力」。

這個過程，不就是從硬技能到軟技能的升級嗎？

■

軟技能和硬技能有什麼區別？

簡單說，硬技能是一種操控世界的能力，它的處理物件是「物」；軟技能是一種影響他人的能力，它的處理物件是「人」。

硬技能往往有明確的標準、清晰的邊界，而軟技能的世界則是一片混沌：這個辦法有效？換個情境就不一定了；看起來大獲全勝？其實暗中已經付出代價；面對激烈的批評？其實有人在默默讚賞；這次表現得很丟人？殊不知獲取同情也是一種得分；沒人提反對意見？那也未必

是真同意……

　人的世界就是這麼複雜。禍福相依、疑難相繼、山重水複、沒完沒了。

　那軟技能是不是就無法把握？也不盡然。

　想改變世界的人，從來就有兩類。一類是「工程師」，一類是「設計師」。前者更多地從結構、效率、功能和穩定性的角度出發構建世界，而後者更多地基於人性、體驗、願景和個性來構建世界。

　把握所謂的軟技能，無非就是學會像一名「設計師」那樣，從不變的人性和萬變的人情中把握這個世界的規律。

　軟技能，以人為起點，也以人為終點。

　人，既是軟技能的手段，也是軟技能的目的。

　在軟技能的世界裡，沒有什麼一用就靈的秘訣。

　有這麼個段子。話說，乾旱地區的一位農民向神許願，希望神能滿足他的一個願望。

　神現身了，問他想要什麼。他說想要一個水龍頭。

　神問：「為什麼？」農民答：「這個東西好，插在牆上就能出水。」

　世界經常給我們這樣的假象，讓我們誤以為拿到一把鑰匙就可以開一把鎖，掌握一個方法就可以解決一個問題。

　殊不知，在現實世界中，每一項有用的方案背後，都有一個無比複雜的支援系統。我們能想見，正如一個水龍頭的背後還有水管、水廠和水源，一場成功的銷售、談判、演講、對話的背後，也有大量的人外

之人、事外之事、理外之理、局外之局。

　　一個人軟技能的高下，就在於是否能看到眼前事物在空間中的無盡延展和在時間中的綿延餘波。

　　面對一個遠大的目標時，我能把它分解為一系列短期的目標嗎？看到眼前的挑戰時，我能想像出遠方的資源和手段嗎？勝利在望時，我能覺察出正在滋長的風險和代價嗎？進展順利時，我能判斷止損的時機和承擔的極限嗎？失敗不可避免時，我能預埋下未來的轉機嗎？專心於此時此地的行動時，我能感知到它在彼時彼處的影響嗎？

　　視野一擴展，答案就得變化，方法就得升級。

　　沒有什麼邊界可以適可而止，沒有什麼成就可以一勞永逸，沒有什麼品質可以高枕無憂。

　　軟技能，就是這樣一款「無限遊戲」。

━

　　既然「法無定法」，那軟技能還可以學習、訓練和提升嗎？當然可以。

　　我們來想像一下古人是怎麼學習的。

　　古人可沒有現代社會這麼多由技術、公式、方程、理論構成的硬知識。但是，從接人待物到人格養成，古人一樣要培養孩子的軟技能。他們是怎麼做的呢？

　　無非是一個「拆」字。把一系列的大原則，拆成各種具體情境下的行動模型，然後口傳心授、隨處指點。

　　例如，中國古人教育小孩子的三門基本功：灑掃、應對、進退。

灑掃，就是灑水掃地。身在一個環境裡面，該從哪些具體的事做起？應對，就是和人溝通的能力。什麼情況下，遇到什麼人，該怎麼對答？進退，在不同場合下，該怎麼把握進入和退出、參與和迴避的分寸感？

你看，這就把軟技能拆成了「行動、溝通、判斷」三個小單元，再根據具體情境，來教一些有效的行動模型。例如，回家之後要先向父母問安，有人的場合不能歎氣，問對方姓氏要問貴姓，等等。全是這些一時一地的小技巧、小規矩。日積月累之後，一個符合古人行為準則的「體面人」就這麼被塑造出來了。軟技能，不是一套用邏輯勾連起來的理論系統，而是一組由無數情境碎片堆積起來的行動模型。現代人的軟技能訓練也是同理。

例如在職場裡——不能越級彙報；接到指令要確認；隨時和老闆同步工作進度；老闆在場的時候，不要說「談談我的觀點」，而要說「談談我的收穫」；和異性同事談話時要敞開門；等等。

這些事，看起來很小，但是一旦做錯，關係甚大；看起來不難，但是沒人言傳身教，還真就是不會。

《紅樓夢》裡有一個著名的段落，林黛玉教香菱作詩：「你若真心要學，我這裡有《王摩詰全集》，你且把他的五言律讀一百首，細心揣摩透熟了，然後再讀一二百首老杜的七言律，次再李青蓮的七言絕句讀一二百首。肚子裡先有了這三個人作了底子，然後再把陶淵明、應瑒、謝、阮、庾、鮑等人的一看。你又是一個極聰敏伶俐的人，不用一年的工夫，不愁不是詩翁了！」

你看，學習軟技能和學習作詩一樣，無非就是要湊齊這麼三個要

素——多樣且高明的師傅、情境化且具體的範例、長期且大量的積累。

　　

　　你正翻開的這本《軟技能》的價值也恰在於此。

　　這本書有三十位作者：萬維鋼，吳軍，香帥，施展，薛兆豐，何帆，老喻，寧向東，李笑來，賈行家，劉潤，和菜頭，蔡鈺，劉嘉，李松蔚，李希貴，王立銘，熊太行，李鐵夫，徐棄郁，劉晗，沈祖芸，劉擎，傅駿，東東槍，湯君健，王爍，陳海賢，戴愫，梁寧。

　　真是星光熠熠。這些年，我們為得到 App 延請這些老師，下了一番上天入地、搜山檢海的功夫。回頭一看，這張「得到系」老師的名單，既兼顧了名氣、本領、才情和聲望，也集齊了各個領域的代表人物，足以令我們自傲。

　　從去年開始，我們萌生了一個想法：能不能邀請「得到系」老師進行一次集體創作，講講他們在各個領域、各種情境下的軟技能的行動模型。

　　我們不是想編一部「文集」。

　　我們是想製造一件「盛事」。

　　就同一個問題，同時叩問同一個時代的多位名家，把風格各異的答案匯為一編，這本來就是孕育名著的方式。中國的《鹽鐵論》和《白虎通義》就是這樣誕生的。在西方也有類似的精彩實踐。從一九八一年開始，著名出版人約翰・布羅克曼（John Brockman）邀請世界上各個領域的思想家，組建了「現實俱樂部」。他每年向這些思想家提一個問題，再把他們的答案彙集起來，這就是著名的系列叢書《對話最偉大的

頭腦》的來歷。「要抵達世界知識的邊緣，就要尋找最複雜、最聰明的頭腦，把他們關在同一個房間裡，讓他們互相討論各自不解的問題。」

我們還請每位老師都採用「書信體」進行寫作。

書信這種體裁，傳達了一個強烈的信號：我們不關心世界，我們只關心你。這本書中的每一篇，不僅有真知灼見，還有一片「前輩心腸」。

想像一個場景：你遇到的某個軟技能難題，得到了全世界的積極回應。其中，有三十位師長特地給你寫了信，講了自己的誠懇建議。一天讀一封，你將度過收穫滿滿而又善意充盈的一整個月份。

在軟技能的世界裡，沒有標準答案，所以，軟技能的老師們，提供的也不是真理。正如史丹佛大學的傳奇教授詹姆士·馬其（James G.March）說的：「老師的工作是建構一個世界，使得人們通過自己的眼睛發現自己應當做什麼。」

讀完這本書吧，這是你一個人的「盛事」。

讀完這本書吧，這是為你建構的世界。

使用説明書

脱不花

感謝你翻開《軟技能》。

這本書與其他書最大的區別在於，它本質上是一份「說明書」，用來指導一個人完成自己想做的事，成為自己想成為的人。

為了讓你更好地掌握其中的奧秘，請允許我為這份「說明書」做以下說明。

第一，這本書從哪裡來？

《軟技能》收錄了三十位作者的三十篇文章，每一篇都是我和羅振宇兩個人軟磨硬泡、威逼利誘約稿約回來的。我們特意請所有作者寫同一個題目，互不商討、彼此獨立、全新原創。像這樣同題作文，是為了突顯他們自帶的學科差異、視角差異、思維差異、能力差異，乃至人生閱歷的差異，從而把通往羅馬的每一條大路都為讀者標注出來。

你此刻看到的，正是由多個領域的頂尖高手從不同角度交叉驗證而來的軟技能修練指南。

▬

第二，為什麼起心動念做這本書？

我在網路上為五十多萬名職場人士講授溝通的方法後，發現大家的困惑源自幾個相似的問題：「怎麼讓對方理解我的訴求？」、「怎麼處理複雜的人際關係？」、「怎麼更透徹地理解人性？」

還是學生的時候，我們接受的訓練是掌握專業知識；到了社會上我們發現，真實世界最大的挑戰是怎樣與人和平相處。軟技能，歸根結底是人跟人之間打交道的能力。

前陣子，我與獵頭界的朋友交流，分析那些拿到最佳機會的職場贏家有什麼共通點，總結了這樣一個順口溜：要嘛信息差，要嘛「交際花」。

這當然是玩笑，但也說明了問題：資訊差，指的是能夠搶先他人半步發現機會，這需要極強的學習力、敏銳性和四通八達的資訊網路；「交際花」，指的是善於構建各種關係，不僅能合作，還能促成他人之間的合作，這需要同理心、人際友好度和管理複雜合作的能力。

無論你的硬技能是什麼，軟技能本質上是硬技能的槓桿，幫你把有限的硬技能放大若干倍，從而起到撬動目標的作用。

這就是我們為什麼要做這本書，為什麼要幫你系統搞懂軟技能的原因。

▬

第三，這本書能解決什麼問題？

雖然我和羅振宇在約稿時完全沒有給作者們進行分工，但當我們

收到這批以軟技能為主題的稿件，把它們整合在一起的時候，神奇的事情發生了：三十位作者的文章，由知到行，自動形成了四個不同板塊；只要通讀一遍，就有一種必須知行合一的衝動。

第一板塊由萬維鋼老師領銜，寧向東老師壓軸，為你揭示軟技能的底層邏輯。如果你是偏好認知升級型內容的讀者，這幾位作者提供的每一個視角都會讓你大呼過癮。

第二板塊由李笑來老師領銜，李松蔚老師壓軸，向你呈現軟技能的訓練科目，展開講透從哪些能力入手刻意練習，能夠有效提升軟技能，形成個人的比較優勢。

第三板塊由李希貴老師領銜，沈祖芸老師壓軸，替我們翻開那些備受矚目的精英人群的底牌，讓我們得以從其他領域遷移一些思路，跨界打造自己的軟技能。

第四板塊由劉擎老師領銜，梁寧老師壓軸，幫我們將軟技能轉化為競爭力，用軟技能影響他人、改善自身的處境。

當然，這僅僅是我作為《軟技能》的策劃人對這些文章的理解，你完全可以按自己的方式去讀這本書。我相信人人都可以基於這三十篇精妙的文章，構建自己的軟技能模型。

第四，怎麼使用這本書？

第一種用法：

先快速通讀全書，把每位作者強調的軟技能關鍵點用自己的語言提煉出來，從中尋找有交集的「重合點」，把這些重合點作為你思考的

切入點。

例如，在一張白紙上記錄每位作者的核心觀點時，你發現蔡鈺老師、劉嘉老師和湯君健老師不約而同提到了「目標管理能力」，劉擎老師、陳海賢老師則都強調了「深度溝通」的重要性，那麼，你就可以把這些「英雄所見略同」之處，作為打造個人軟技能的第一優先順序。

然後，你可以帶著自己思考的切入點，重新精讀每一篇文章，找出不同作者關於這個點有哪些洞察和建議。只要勤加記錄、梳理，你就能建立起對軟技能的系統化思考。

如果願意的話，你還可以模仿其中某位你欣賞的作者，寫一篇你自己署名的關於軟技能的文章。我們已經在這本書的最後，為你的文章預留了位置（請翻閱本書第 386 頁）。

讓你的名字和這三十位作者組成的超豪華陣容並列吧，加油！

第二種用法：

如果你希望提升自己的溝通品質，想體驗一下高效社交，請把這本書推薦給你最信任、最欣賞的朋友，讓他們也用上述方式形成關於軟技能的思考，幾個朋友再就各自的思考進行討論和碰撞。很快你會發現，自己比以前擁有了更廣闊的視野，也擁有了更有價值的朋友。

第三種用法：

如果你是一名管理者，請把這本書發放給你所有的下屬。相信你已經為下屬的軟技能提升問題苦惱許久，這一次，你可以組織集體學習和討論了。

第四種用法：

如果你是一名家長或者教育工作者，請在讀完這本書之後，把它

送給你身邊十二歲以上的青少年，讓他們在學習硬知識的同時，也有意識地建立自己的軟技能。

———

第五，怎麼閱讀這本書？

都說條條大路通羅馬，但只有這本書把通往羅馬的每一條大路都給蹚開了。所以，你完全可以閉上眼睛，從翻到的任何一篇文章開始修煉軟技能。相信我，每篇文章都會有它的收穫。

我們之所以邀請三十位作者，一開始是希望讓大家沒有過重的閱讀負擔。一天只讀一篇，用三十天，也就是一個月的時間，體驗完整的閱讀旅程。但是，請原諒，這個初衷現在很可能不成立了 —— 因為這本書太精彩了，你一定會忍不住一口氣讀完它。不信，你看看這些人和主題：

- 把當世英雄豪傑的新思想介紹給中國讀者的專欄作家萬維鋼，寫給不甘平凡、想要成為大人物的讀者：「野心、入圈、眼光是大人物都有的軟技能」。
- 在寫作、投資、演算法等多個領域做到頂尖水準的高效能人士吳軍，寫給希望提高自己工作效率的讀者：「我們這一生做的事情中，大約有七成不會帶來什麼結果或者影響力，有兩成會帶來好結果，還有一成會帶來壞結果。如果不去做那沒有結果的七成事，以及帶來壞結果的一成事，我們人生的效率就會高很多」。
- 手握前沿資料分析和一線田野調查的金融學者香帥，寫給想瞭解

「誰在職場更吃香」的讀者：「找到自己的天賦，在場景裡不斷磨礪，將其轉化成你獨一無二的軟技能，你才有機會與這個時代做最硬朗的抗衡」。

● 能在寫作中調用歷史、地理、哲學、政治等各學科領域知識的施展，寫給以終身學習為目標的讀者：「我們一起做時代的追問者，做知識的主人，做經典的門徒，做高手的辯友」。

● 經濟學者薛兆豐，寫給想要入門經濟學的讀者：「問出傻問題，真知自然來」。

● 關心宏觀趨勢，更關心每一個人的《變量》作者何帆，寫給除了柴米油鹽，還想看看天下大勢的讀者：「小趨勢往往發生在年輕人那裡，發生在邊緣地帶，發生在交叉學科，這需要我們從自己的舒適區走出來，去理解別人，去理解別的領域」。

● 德州撲克愛好者老喻，寫給希望提高自己決策準確度的讀者：「你不能在乎一城一池的得失，而是要建立一個高機率能〈贏錢〉的科學決策系統」。

● 懂企業，更懂人性的管理學家寧向東，寫給想要更好地認識自己的讀者：「你要時刻記得自己的基本盤在哪裡，明白自己所忙碌的方向是不是有助於鞏固和發展這個基本盤」。

● 用寫說明書的方式寫出多本暢銷書的李笑來，寫給渴望學習新知，但又不知從何入手的讀者：「學習，其實就是『認真閱讀說明書』而已；而所謂的學習難度，最終只不過是說明書內容的差異程度而已」。

● 總能在天南海北的文藝事件中發掘選題的賈行家，寫給希望提升

觀察力的讀者：「如果能用演員控制整個觀眾席的觀察力去處理和一個人的交往，你可能就會像有『讀心術』一樣神奇」。

● 既是著名商業顧問，又是百萬暢銷書作者的劉潤，寫給被「寫點東西」這件事困擾許久的讀者：「從場景導入到打破認知，到核心邏輯，再到舉一反三，最後回顧總結。你要用邏輯思考牢牢抓住讀者的注意力」。

● 向網友推薦了二十多年好書的「互聯網慈父」和菜頭，寫給想要多讀點兒好書的讀者：「閱讀是一門古老的手藝，核心是讀得慢、讀得仔細，追求讀完一本有一本的收穫」。

● 《商業參考》主理人蔡鈺，寫給總被 deadline（最後期限）追著跑，感到力不從心的讀者：「確定自己的目標，並隨時根據目標來決定當下的行動，這能幫你始終牽住人生的主線」。

● 研究人工智慧和大數據的南京大學副教授劉嘉，寫給想從數據裡看出更多門道的讀者：「在人工智慧領域，那些首席數據科學家最主要的任務就是構建一個當下最合適的目標函數。有了目標函數，整家公司或者整個資料部門才能開始業務優化，才能通過數據指導決策。

● 深知現代人「卡」在哪裡的心理諮詢師李松蔚，寫給總覺得自己疏於行動、無力改變結果的讀者：「行動不是為了有結果，它就是你用來探索自己的一個實驗。在行動的過程中，每一點新的感觸，都會讓你對自己多一點認識」。

● 有四十年管理經驗的教育家李希貴，寫給剛走上管理者職務的讀者：「你要以手頭的朋友連接更需要的朋友，以你的軟技能換取

對方的硬體設備，以你的誠心誠意贏得良好的發展環境」。

- 寫科普書拿到圖書大獎的王立銘，寫給想知道科學家如何安身立命的讀者：「擁有一門長期訓練的技藝是個難得的禮物，要把它用在能真正解決問題的場合，而不是任由它決定我們能在什麼場合解決問題」。

- 人際關係洞察家熊太行，寫給想瞭解在公家機關內生存之道的讀者：「吃得了苦，忍得了『窮』，關得起門，拉得下臉，讀得下書」。

- 研究量子計算的科學家李鐵夫，寫給想看一看理科生的浪漫的讀者：「現在的困難可能會成為未來的趨勢，那就去接受它、熟悉它、掌握它」。

- 長期從事戰略史研究的學者徐棄郁，寫給想知道怎樣破解高風險難題的讀者：「站在對方的角度，在說服對方的時候，為他準備好解決問題的方案。這與其說是解決矛盾的權謀，不如說是真誠的力量」。

- 主張法律是一種思維方式的法學家劉晗，寫給希望跨界從法律界獲得啟發的讀者：「不浪費任何一次危機，任何危機都是組織結構重新組合的重大契機。你要有意識地參與到危機所帶來的重構當中」。

- 家校關係專家沈祖芸，寫給想知道下一代需要什麼軟技能的讀者：「如果孩子一直處於『調用已知 —— 掌握新知 —— 構建個人知識體系』的過程裡，他們就不會懼怕未來世界的不確定性」。

- 金句頻出的哲學教授劉擎，寫給想要提高表達溝通能力的讀者：「作為聽者，你能理解表達能力較弱一方的言說；而作為言說者，你能讓理解力較弱的一方明白你的意思」。
- 把點菜吃飯變成一門藝術的創業者傅駿，寫給想讓自己在社交場上更受歡迎的讀者：「良好社交的根本，是讓朋友覺得你有價值、對他有幫助。你懂吃懂喝，能夠安排一桌完美的宴席，這無疑是一項非常重要的軟技能」。
- 在「唯快不破」的創意行業深耕多年的東東槍，寫給苦於投入時間和產出品質總是不成正比的讀者：「首先，應該用盡量少的時間把事情做對。其次，應該盡量把有限的時間都花在把事情做好上」。
- 曾經的 NO.1 大廠管培生，現在的金牌商業教練湯君健，寫給想在大廠拼一拼的讀者：「大廠的職業發展原則就是，你在依附於某個機構、組織、團隊的同時，也要鍛煉自己『不依附』的能力。這並不是鼓勵你跳槽，而是要你鍛煉『如果在大廠發展不順，敢於跳槽』的能力」。
- 用人類學研究方法養育一雙兒女的資深媒體人王爍，寫給想在陌生人社交這件事情上有所突破的讀者：「能開口就戰勝了一批人，挺得住（緊張、尷尬等）戰勝了又一批，還能找到共同語言的話，你就戰勝了大多數」。
- 號召「愛，需要學習」的心理學家陳海賢，寫給想擁有高品質親密關係的讀者：「你要用『關係』的視角看清事實背後傳遞的資訊，還要選擇正確有效的處理方式」。

- 跨文化研究專家戴愫，寫給想知道怎麼拿捏成年人友誼的讀者：「初次見面，如果你能迅速找到細節切入，就很容易鎖定對方的注意力，並激發默契——社交其實可以很好玩」。
- 朋友圈極其強大的產品人梁寧，寫給苦於思考「如何建設有意義的人際關係」的讀者：「好的關係，一定是讓你的能量增強與流動的，而不是壓縮與限制的」。

———

我的朋友，在大多數時候，世界確實以痛吻我，但我們不必與這個世界硬來。修煉好自己的軟技能，你就可以溫柔地叩開每一扇門。

第一封信
如何成為大人物

萬維鋼

萬維鋼

前物理學家，現科學作家。

代表作：

《萬萬沒想到》[1]

《智識分子》[2]

《高手》

《你有你的計畫，世界另有計劃》

《學習究竟是什麼》

主理得到 App 課程：

《萬維鋼・精英日課》

《萬維鋼・AI 前沿》

---

1 （繁體版由新視野 New Vision 出版）
2 （繁體版由大寫出版）

親愛的讀者朋友：

你能拿起這本書來，想必是個不甘平凡的人。我要對你說的話很可能跟你的親友、師長說的都不一樣，甚至於聽起來「不軌於正義」，這只不過是因為你平時聽的都是平凡的。

我以前是個物理學家，有過天大的夢想、癡迷的熱愛和微不足道的發現。如今我是個科學作家，在得到 App 寫專欄，用羅胖（羅振宇）的話說叫從事知識服務。我把最新的科學進展、當世英雄豪傑的新思想介紹給中國讀者，我要讓中國讀者進步。

但在我看來，知識服務的最高境界，是用學問啟發了朱棣的智識分子姚廣孝。我也希望我的讀者之中出幾位大人物。

所謂大人物，就是對事情的走向有影響力，能在某種程度上按照自己的想法塑造世界的人物。我希望啟發你意識到進步的大趨勢，找到此時此地的有利條件，發掘自身的潛能，抓住機會去做一番大事。

小人物適應世界，大人物改變世界。方今中國，「做題家」氾濫，「官僚氣」盛行，許多人以服從為本分，以關係為資本，以穩妥不變為追求，以投機取巧為幸運，正是小人物當道。我與羅胖等每論及蠅營狗苟的江湖逸事，無不唏噓。

羅胖看我雖然不是啥大人物，卻勝在好為狂悖之言，就讓我給你講講大人物都有哪些軟技能。我想這也有道理，畢竟英雄的老師不需要

自己也是英雄，我只要知道怎樣成為大人物就行。

要想成為大人物，你通常需要難得的機遇和至少一項出類拔萃的硬技能——這得看你自己的天賦，我教不了——同時軟技能也不可少。**軟技能是自己指導自己、遇事能做出正確選擇的能力。軟技能是可以學的。**我遠查中外豪傑之事蹟，近數現代學人之研究，有一番心得。

大人物都有三種軟技能：野心、入圈、眼光。

有一次馬拉度納訪問中國，有人問他中國足球為什麼不行。馬拉度納說，一般優秀球員跟我這個球王之間最重要的差別是我比他們更想贏。這似乎有點怪，難道別人就不想贏嗎？

每個參加比賽的人，每個做事業的人，你要問他想不想贏，他肯定都說想贏。那不是野心。野心，是你為了贏，放棄了什麼。不是讓你放棄休息時間或者放棄親情、友情，而是你得放棄平庸。

一般人做事不只是為了贏。除了贏，你還想照顧跟隊友的關係，你還想不得罪教練，你不想在隊裡顯得太特別，你想尊重傳統和習俗，你尤其不願意支付超過「贏」的成本，小心計算著性價比。如果這場的對手很強，感覺贏面不大，你有理由不拼盡全力。下一場的對手不是很強，你又有理由踢得中規中矩，不必嘗試新打法。第三場是生死戰，你更不敢冒險了。

那你什麼時候突破自我呢？沒有時候。如果大家都那樣做，你就會有強烈的壓力要跟別人一樣。

平庸就如同地心引力，是一種自動的、自然的把你往下拖的力量。

　　心理學家亞伯拉罕‧馬斯洛有句話，「任何時刻我們都有兩個選項：前進一步求增長，或者後退一步求安全」。既能增長又安全誰都喜歡，但增長和安全往往相互矛盾，而大多數人會選擇安全。

　　社會上有一股強大的世俗力量，拖著你走向平庸。社會對小學生的期待是星辰大海，對中學生的期待就成了考上好大學，對大學生的期待是找份好工作，對參加了工作的人的期待則是買房、結婚、生孩子——然後就沒有然後了：人生進入下一個迴圈，再從小學生開始期待。中國男人結婚以後大多是被丈母娘的價值觀所驅動。

　　你說不對啊，咱們中國人從小到大都很拼的——是很拼，但那是在最安全、最熟悉的領域拼，俗稱內卷。現代人備戰各種考試，跟古代人種地有高度的相似性：項目是標準化的、大家用的方法都差不多、回報的確定性很高——你多付出一分汗水，就真能多得一分。

　　我們在這種小而確定的事情上對自己特別狠，因為我們覺得很值得。但這麼卷是不可持續的，達到一個很小的目標就會停止。

　　內卷過度導致 PTSD（創傷後應激障礙）的人只會有兩種沖動，一種是躺平，一種是投機。現在連「985」大學的學生都想托個關係進國企，博士更是情願委身於「編制」。他們要「編制」可不一定是為了治國平天下，而更可能是為了安全和穩定。他們說：阿姨，我不想努力了。

　　如果一個學生整天只是在準備標準化考試，他是真的追求學問嗎？如果一個員工每天焦頭爛額只是在例行公事，他敢說創造了價值嗎？他們做事沒有價值是小，沒有樂趣是大：這樣的人生可悲又可憐。

大人物不是悶頭耕地的人。大人物是在別人都悶頭耕地的時候抬頭看天的人。

哈佛大學教授陶德・羅斯[3]、獨立調查記者大衛・艾波斯坦[4]等研究者考察了各行各業的大人物，發現他們都不是按照標準化流程從象牙塔裡一路排著隊走出來的。他們小時候未必被看好，在學校未必是好學生，早期從事的未必是什麼高級工作。他們最後取得成功的行業往往不同於自己大學所學的專業。他們在成為明星和高管之前都有過上上下下複雜的經歷。他們被視為「黑馬」。這些大人物有兩個特點，而這讓他們從一開始就跟你中學老師心目中的那些優等生不一樣。

一個是他們總是在追求「做自己」。他們選擇做什麼工作最在意的不是工資有多高或者社會有多需要，而是自己喜不喜歡。他們要求從工作本身獲得享受，最好一想起工作就很興奮，就如同巴菲特說的要每天跳著舞去上班。

另一個特點是，跟「雞娃[5]」的家長們想的恰恰相反，大人物在成長過程中並沒有什麼長遠目標。他們不是從小打定主意要當醫生，然後就一路直通醫學院，最後成了好醫生——那種只能算是「優秀人才」，

---

3 〔美〕陶德・羅斯、〔美〕奧吉・奧加斯：《成為黑馬：在個性化時代獲得成功的最佳方案》，陳友勳譯，中信出版集團 2020 年版；繁體版書名《黑馬思維》，2019 年先覺出版。

4 〔加〕大衛・艾波斯坦：《成長的邊界：超專業時代為什麼通才能成功》，范雪竹譯，北京聯合出版公司 2021 年版。繁體版書名《跨能致勝》（Range），2020 年采實出版。

5 大陸網路用語，指望子成龍的中產階級爸媽不斷為孩子安排學習和活動，不停讓孩子拼搏的行為。

算不得大人物。你連這個世界是怎麼回事都沒搞清楚，何談人生規劃？你聽了幾個一百年前的科學家的故事，根本不知道現代科學家是怎麼工作的，就打定主意要當科學家，這不荒唐嗎？

大人物的成長方式是一邊做著自己感興趣的事，一邊繼續探索，看還有沒有更感興趣、更有可能做出大事的領域。但這可不是朝秦暮楚：他們不變的是自身內核的成長。他們不斷豐富自己、壯大內核、擴大邊界，這才成了大人物。

這才是真正的野心——我奮鬥不是為了符合別人的評判，而是為了發現我是什麼人、我能成為什麼人。世界這麼大是讓你去探索、征服和改變的，不是讓你早早找個地方當「房奴」的。

燕雀安知鴻鵠之志？沒有一個男孩最初的夢想是在都市裡買房子，沒有一個女孩最初的夢想是生個考試考滿分的孩子。你要真有野心，就必須對平庸有強烈的反感，一分鐘都受不了才對。

別聽那幫人說什麼平平淡淡才是真。我們活這一世不是為了平平淡淡。我們要用自己的方式大鬧一場，留下印記。

如果你還不知道你是誰，你的舞臺在哪裡，你今生的使命是什麼，你應該非常著急才對。這比什麼結婚、買房子重要多了。你沒找到答案得趕緊去找。

那去哪兒找呢？

老式武俠小說常會寫一種「橫空出世」的英雄：這個人從來沒在江湖上出現過，也不知在哪兒學的武功，年紀輕輕，一出場就是主角，

一動手就輕鬆打敗幫派大佬……這是愚蠢的幻想。在自家後院埋頭苦練，或者在藏經閣整天掃地就能成為頂尖高手的時代早就過去了，那是以前行業不成熟的表現。現代人要想出人頭地，必須先加入某個「圈子」。

你得向最厲害的人學習，跟最好的人交流、碰撞，特別是得有合作才行。大人物不像美女那樣隨機地、均勻地分佈在世界各地。這裡面有個網路聚集效應，各行各業的頂尖高手總是各自紮堆在有限的幾個地方。你得瞭解世界正在什麼地方發生什麼，設法前往那些地方，跟那些人交往。

最常見的入圈方法是做學徒。研究生制度原本的用意就是做科研這門手藝的學徒制，現在被那些「做題家」玩壞了，成了一種學歷證明。考研也好，進入相關公司工作也好，做學徒，有人帶著，是最暢通也最方便的入圈路徑。

一個不太常見的辦法是帶藝入圈。你先在別的領域練就一技之長，而這個一技之長恰好是這個圈子所需要的，你就轉行進來了。但不管是什麼方法，都得找對人、做對事。

「圈子」這個詞經常給人不好的印象，好像它是一個少數人專屬的排外小團體——這就錯了。入圈，恰恰要「君子不黨」才好。英國文學家 C.S. 路易斯有個指引[6]，當你加入一個圈子、跟一群人合作的時候，不要把那個圈子當成一個封閉群體，不要把自己當成一群人中的一個——要把圈子想像成一些各懷絕技、性格各異、想法不一的人的「組

6　C.S.Lewis, *The Weight of Glory and Other Addresses*, Harper One, 2001。繁體版書名《極重無比的榮耀 -- 魯益師經典演講集》，2019 年校園書房出版。

合」，把自己想像成那個組合中不可缺少的一部分。

　　小群體必然形成群體思維，要求人人都一樣，可是少了誰都可以；組合則鼓勵每個人都做自己，講究取長補短、互相配合，每個人的特色都不可替代。如果你希望加入組合而不是小群體，那你最好跟與你不一樣的人在一起。

　　—

　　小人物都是一群一群的，大人物卻是一個一個的。

　　大人物得會解決複雜問題，為此你需要是一個「通才」，你得有通用的智慧。從參與組合的角度，你需要發展幾項有個人特色的「長板」，而不是像高考生那樣專門補「短板」。中等水準的技能會得再多也不能讓你脫穎而出，而懂一門頂尖的功夫卻可以立即讓你被人看見。

　　通才＋長板，意味著你既能快速進入一個新領域，又能在這個新領域中建立特長。成熟市場會把行業細分，大市場更是勝者通吃：你要在某個項目上成為明星才好。

　　這種組合思維還能讓你理解什麼是高水準競爭。小人物、「做題家」思維是跟一群做同樣事情的人在標準化的尋常項目上搞內卷，是把別人淘汰下去，是零和思維。大人物的競爭則是「帶著大家一起」，是雙贏、多贏思維——我銷售這塊厲害，最好你產品那塊厲害，再找個厲害的設計師，我們各顯身手，整個組合一起上。我們把蛋糕做大，連帶我們的客戶和供應商，甚至我們的同行都能從我們的進步中受益才好。

　　交朋友最好的辦法不是拉關係搞聚會，而是大家組隊出去冒著風

險、付出汗水、拿出性格來做一場。

小人物成績越好朋友越少，大人物成就越大朋友越多。 人們都願意跟你合作，因為你上去能帶動大家都上去，人們希望你上去。成為大人物是個正反饋過程。

而這就要求你從一開始入行就有「供給側思維」。不要問「我怎麼才能取代別人」，要問「我能為別人做些什麼」；不要問「圈子能給我什麼」，要問「我能給圈子什麼」。

你能給圈子的最好的東西，是從圈外找到，圈裡本來沒有，你拿出來大家才意識到真好、真需要的東西。

找到這樣的東西需要眼光。

▬

你要做非常之人，就必須做些非常之事；要做非常之事，就得善於在工作和生活中隨時發現「不平凡」。

少年人看什麼都新鮮，大呼小叫各種幻想，認為世界就在腳下，眼前無限可能。一般人到了中年就會變得麻木，有一種把任何事物都平淡化的傾向。你跟他說個什麼事，他要麼一口咬定那和他二十年前知道的東西是一回事，要嘛就根本沒興趣瞭解。這可就完了。

這是價值觀已經鎖死，思維方式全部定型，大腦已經不可塑，再也不會成長了。

所以賈伯斯說要「stay hungry, stay foolish」，就是你得始終有少年感，保留驚奇的能力。美國作家華特·艾薩克森給很多大人物寫過傳記，他發現，「我的所有傳記主人公共有的最後一個特質，便是他們保

持著一種孩童般的驚奇」[7]。

如果你聽說量子力學的怪異實驗而沒有徹夜難眠，你學到微積分而沒有拍案讚歎，你就不適合科學研究這一行。科學家不是一個例行公事的職業，科學家是在一大堆尋常礦物中搜尋寶石的人，他們找到一個就會激動地大喊大叫。如果低效率不讓你惱火，好工具不讓你豔羨，你就不可能成為了不起的工程師。如果你不能隨時發現生活中種種不足之處，看到一個好機會沒有百爪撓心的貪婪感，你就不會成為出色的企業家。

世間好東西雖多，卻都是稍縱即逝的：你看到一個就得想辦法抓住才行。如果好東西不能讓你激動，先不用說什麼成為大人物，你的人生都是灰色的。

選擇大於努力，眼光照出格局。大人物痛恨平淡無奇。我們做事不是為了完成誰誰誰給的任務，而是要追求一種炸裂感，要過癮，要有極致的心流。那麼，怎樣發現和實踐不平凡呢？

首先你得提升敏感度。小人物只對升職加薪之類涉及直接利益的小事敏感，大人物對任何好東西都敏感。小人物越老敏感度越低，大人物越老敏感度越高。你需要見識很多好東西，積累文化自覺，像用大數據訓練 AI 一樣用大量的好東西訓練自己的眼光。你需要學習大師的視角，去看外行不知道該看的地方。

---

7 〔美〕傑夫·貝佐斯、〔美〕華特·艾薩克森：《長期主義》，靳婷婷譯，中國友誼出版公司 2022 年版。

更重要的是主動創造不平凡。科學作家和企業家史蒂芬·科特勒總結了兩種在工作中全情投入的辦法。[8] 一種是做減法，拿出幾個小時的大段時間，排除各種瑣事的干擾，降低認知負荷，集中能量，完全自主地就幹這一件事。另一種是做加法，主動給你做的事情增加難度。例如，如果你覺得個內容太簡單沒意思，那就專門找個危險的地方來做它。作家可以坐在懸崖邊上寫作，小提琴手可以到大庭廣眾下練琴。危險感的刺激能增加你大腦中去甲基腎上腺素和多巴胺的分泌，讓你對工作保持興奮。

大人物是有光彩的人物。你要設法給事情增加一點戲劇性，把每段經歷都變得不尋常。你要做個一驚一乍、給人留下深刻印象的人。你要有感染力，讓別人對你感到驚奇的東西也感到驚奇。如果你明天中午要跟人相親，你的目標應該是不管成與不成，將來此人寫回憶錄講到曾經相親的這一段歷史時，必須提到你。

大人物會被不平凡的機遇強烈吸引。亞馬遜網站剛剛上線沒幾天時，雅虎總裁楊致遠突然問貝佐斯願不願意把亞馬遜網站列在雅虎主頁上。手下人都說，我們公司剛起步，根本接不住那麼大的流量，放棄吧——但是貝佐斯知道這樣的機遇有多難得。他沒準備好，但是他接下了，先接下再研究怎麼辦。[9] **如果你的行為模式接不下眼前這個大機遇，你要做的是改變你的行為模式，而不是放棄機遇。**

---

8 〔美〕史蒂芬·科特勒：《跨越不可能：如何完成高且有難度的目標》，李心怡譯，中信出版集團 2021 年版。繁體版書名《不可能的任務》，2021 年墨刻出版。

9 〔英〕蒂姆·哈福德：《混亂：如何成為失控時代的掌控者》，侯奕茜譯，中信出版集團 2018 年版。

　　為什麼寧不知傾城與傾國？因為佳人難再得。抓住不平凡的終極辦法，是走量。偉大藝術家和普通藝術家最關鍵的區別是，偉大藝術家的產量遠遠高於普通藝術家[10]，你得創作過很多很多作品才能創作出偉大的作品。普通科學家的智力巔峰是三十歲，過了四十歲就不行了；偉大科學家卻能在漫長職業生涯中的任何時候都做出重大發現。[11]

　　如果你至今還沒找到屬於你的不平凡，你唯一要做的是繼續找。大人物是鍥而不捨的人物。

　　■

　　瞭解一些道理和踐行這些道理是兩回事，尤其是這種號稱要做大人物的道理。自我改變的最有效辦法是先建立身份認同：先把自己當作一個大人物。當你面對「前進一步求增長，或者後退一步求安全」這種選擇時，問問自己，作為一個大人物，我應該怎麼選。從大人物的身份認同開始，慢慢壯大野心，在點點滴滴的事務中證明自己對圈子的價值，培養發現不平凡的眼光，乃至創造出屬於自己的不平凡，你終究會相信，你就是大人物。

　　當然，小成就靠自己，大成就靠社會。你需要有很好的運氣才能讓社會也承認你是個大人物。但是你會發現，那其實已經不重要了。

10〔美〕亞當‧格蘭特：《離經叛道：不按常理出牌的人如何改變世界》，王璐譯，浙江大學出版社 2016 年版。繁體版書名《反叛，改變世界的力量》，2016 年平安文化出版。另可參考迪恩‧西蒙頓關於創意工作的生產力研究。

11〔匈牙利〕亞伯特 - 拉斯洛‧巴拉巴西：《巴拉巴西成功定律》，賈韜等譯，天津科學技術出版社 2019 年版。

　　小人物的最高境界是「求穩妥」、「求庇護」，是從思想上完全放棄自我，成為工具人。大人物的最低境界，則是成為一個「士」。士是有自由之思想和獨立之人格、自己給自己做主的人。哪怕我們終究未能成為什麼青史留名的大人物，到時候我們也可以說一句：我不是任何組織的附庸，我不是任何人的工具，我從未受人擺佈，我工作從來都不是為了還房貸，我勇敢過、冒險過、追求過，我是一個「士」。

　　偉大的國家需要大人物，需要很多、很多的大人物。如果不是你，又能是誰呢？如果不是現在，又要等到何時呢？

如果你的行為模式接不下眼前這個大機遇，你要做的是改變你的行為模式，而不是放棄機遇。

万維鋼

第二封信
高效能人士
做對了什麼

吳軍

吳軍

約翰‧霍普金斯大學電腦科學博士、電腦科學家、矽谷投資人、著名自然語言處理和搜索專家。

代表作：

《浪潮之巔》

《數學之美》

《文明之光》

《吳軍閱讀與寫作講義》[1]

《吳軍數學通識講義》[2]

主理得到 App 課程：

《吳軍‧矽谷來信》

《吳軍來信‧世界文明史》

《吳軍‧科技史綱 60 講》

《吳軍‧閱讀與寫作 50 講》

《吳軍‧數學通識 50 講》

《吳軍‧資訊理論 40 講》

《前沿課‧吳軍講 GPT》

《前沿課‧吳軍講 5G》

1　繁體版《閱讀與寫作通識講義》，2024 年，日出出版。
2　繁體版《數學通識講義》，2022 年，日出出版。

各位讀者朋友：

見字如面。

在講軟技能之前，我想先給你講一個故事。

有個叫約翰的年輕人，大學畢業後參加了三次求職面試，結果都失敗了。第一家單位的面試官問他：「你知道如何教會一隻青蛙說話嗎？」他答不知道。第二家單位的面試官問他：「你知道如何讓一條魚爬上樹嗎？」他還是答不知道。第三家單位的面試官問他：「你知道如何讓全世界每一個人的錢都增加一倍嗎？」他依然答不知道。於是三家單位都沒有要他，說他能力不行。

晚上回到家後，約翰做了一個夢，他在夢裡向上帝請求道：「仁慈的、全能的上帝啊，你能讓我擁有三種能力嗎？」上帝說：「看在我們有緣的份上，我且聽聽你的請求。」於是約翰說道：「我想能讓青蛙開口說話，能讓魚兒上樹，能讓全世界每一個人的財富都翻一倍。」上帝說：「這些容易做到，你現在就有了。」

第二天醒來，約翰先教會了青蛙說人話，可是青蛙只會說，「這裡的飛蟲夠我美食一頓」或者「池塘裡的清水讓我涼爽」。約翰剛開始還覺得挺新鮮的，但就這兩句話翻過來覆過去地說，很快他就煩了。於是，約翰又去找小魚，幫它上了樹，可是到了樹上，小魚不僅喘不過氣來，還被飛來的老鷹叼走了。這時，約翰決定為全人類做一件大好事，

讓每個人的財富都增加一倍。把這件事做成以後，看到每個人臉上喜悅的表情，他內心非常滿足。但是到了第二天，他發現人們的笑容消失了──雖然所有人的財富都增加了一倍，但世界上的東西並沒有增加，大家不得不花兩倍的價錢買同樣的東西。

約翰並不笨，在三次無功而返之後，他似乎明白了自己失敗的原因：**即便具備了把事情做成的能力，他依舊缺乏判斷哪些事情該做，哪些事情不該做的能力。**

我想透過這個故事告訴你的是，在這個世界上，很多事情根本就不需要做，還有些事情甚至是不能做的。

例如，很多人精心挑選股票，希望自己的投資結果比大盤表現還好。這件事就和讓所有人口袋裡的錢增加一倍差不多──做了半天，其實是在做無用功。因為從本質上講，人們最終從股票市場得到的收益，都來自相應經濟體的增長；扣除這個因素，在股市的投資就是一場零和遊戲，所有人的平均收益一定會和股票大盤的漲幅持平。如果我們讓一半的投資者完全投資大盤指數，另一半按照自己的意願精心挑選股票，那麼哪一半人的投資回報率更高呢？答案是一樣高。當然，有些人去年表現好一點，有些人今年表現好一點，基本上是隨機的；從長程看，再平均下來，大家的表現其實差不多。

有些人覺得自己能看到別人看不到的機會，找到被低估的資產。其實在資本市場上，如果沒有一大群人形成共識，再被低估的資產也不會漲價；而一旦一大群人形成了共識，市場的有效性又會讓那個資產的

回報率和其他資產趨同。也就是說，不管怎樣，你能得到的都是一個平均值。因此，與其天天把心思花在如何與股市大盤作對上，或者花在和市場的有效性作對上，還不如什麼都不做。把這種事情想清楚，不完全是一種意願，更是一種能力。很多人炒股炒了一輩子，也沒有具備這樣的能力。

說到能力，人們通常喜歡做加法，認為能做的事情越多越好。事實上，就算上帝把所有做事情的能力都賦予一個人，這個人能不能做成有意義的事，能不能把自己的生活過好，也是未知數。就像這封信開頭的故事裡提到的，就算你能讓一隻青蛙講人話，它也無法和你進行有意義的對話，因為決定青蛙說什麼的是它的大腦，它不會因為會講人話而擁有人的思維。

今天在任何一家大企業裡，大部分人做的事其實都和讓青蛙講人話差不多。這也是為什麼很多人工作十年後回過頭去看，會發現自己一事無成。

很多人改進產品功能，改進辦事流程，改進使用者體驗，所做的無非是從 A 改到 B，從 B 改到 C，再從 C 改到 A。很多人認為改變就是好，自己提出的改變建議被上級認可了，得到實施了，感到很有成就感，但時間長了再回頭看，會發現無非是在做迴圈，或者來回搖擺。

我讀大學的時候，正趕上學校實行教育改革。原先一堂大課是一百分鐘（兩個五十分鐘，中間休息五分鐘），大課之間留十分鐘讓人換教室。這樣一上午或者一下午可以安排兩堂大課。後來，可能有的老師覺

得如果把每堂課的時長縮短，每週多上幾次課，學生就不至於把上一次課程的內容忘了，於是改成了每堂課六十分鐘，中間有十分鐘的時間用來換教室。但這樣一來，上午最後一堂課開始和結束的時間就很晚，學生和老師饑腸轆轆，都想提前結束走人，這堂課的效果也就特別差。於是學校又做了修改，有些課還是六十分鐘，有些課調整成了九十分鐘，保證大家中午十二點之前能吃上飯。但其中的問題你恐怕也看出來了，九十分鐘的課和六十分鐘的課混在一起，實在是有點亂。於是在我上大學的最後一年，學校又把課時改成了原來的一百分鐘。

這麼來回改雖然是無用功，但也不至於造成什麼損失；而對大部分人來講，無用功做多了，要麼會造成直接的經濟損失，要麼就是把自己有限的生命浪費了，這也是一種損失──當一個人把心思都放在讓青蛙說話上時，他就沒有心思去想本該做的事情了。

讓青蛙說話的故事不是我編的，而是我和一位身在日本、做過投資的朋友閒聊時，他提到的。當時我們分析了國內一位知名的創業者為什麼會創業失敗，那位朋友就指出了他的問題：在市面上的產品都足夠好的情況下，他還想發揮工匠精神，做一款更好的出來。這其實就是「讓青蛙說話」，看起來很酷，但根本就是偽需求。

一個人做事努力固然重要，但上帝也是要看效果的，而不光看努力與否。因此，**最重要的能力不是做具體事情的技能，那些技能都可以慢慢學習；最重要的能力是在還沒有開始行動的時候，就可以判斷清楚哪些事情沒必要做。**有人覺得這是一種經驗，這麼理解當然沒有錯；而

我認為它更像一種能力——有些人雖然經驗並不豐富，但能做出準確的判斷；有些人在一個職務上工作了大半輩子，卻還在忙忙碌碌地做一些無用的事情。

至於判斷清楚哪些事情不能做，更是每一個人都需要具備的能力。我們常用「熊孩子」來形容一些總是闖禍的孩子。這些孩子很壞嗎？未必。他們只是不知道自己的行為會造成多麼糟糕的結果。這些孩子長大後就不會再闖禍了嗎？也未必。如果他們一直沒有掌握判斷哪些事情不能做的能力，長大後還是會闖禍。

前面說了「經驗」和「能力」的區別，還有很多人會把「意願」和「能力」混為一談。他們會覺得，如果我把這件事情的結果想清楚了，就不會去做；如果我小心一點，考慮問題周全一點，結果就是可以預期的。

這些想法只是意願，好的意願每個人都有，但卻不是每個人都能得到好結果。熊孩子們通常並不想闖禍，但是他們的心智發育還不夠成熟，不具備進行這種判斷的能力。生活中沒有人喜歡做無用功，但是他們沒有能力實現這一點，或者說沒有能力在一開始就知道哪些事情沒必要做。當然，更沒有人一開始就想要一個和自己想法完全相反的結果。

上述能力沒有學校，也沒有課本會教，因為它們不屬於做事的具體能力範疇，而是一種軟技能，甚至可以說是軟得不能再軟的技能了。

這種預先做出準確判斷的能力，說起來大家都懂，但培養起來並不容易。簡單來講，它需要在生活這個課堂上，讓生活這個老師來培養。不同的人可能會通過不同的方式來獲得這種軟技能。這裡我談談我的幾個心得。

首先，把自己變成一個有效的回饋系統。

判斷一件事該不該做的能力，通常是根據我們之前做事的結果總結得到的。當我們做的一件事產生了預期的結果後，要分析清楚它做成的原因，有些時候只是我們運氣好，那麼下次這種事情做起來還是要非常謹慎；如果它沒有達到預期，我們要特別花心思搞清楚問題到底出在哪裡。換句話說，**要獲得準確的回饋，並把自己變成一個有效的回饋系統，根據回饋調整自己的行為**。這樣時間一長，我們對事情結果的預判就會準確得多。

其次，培養自己的同理心。

做了一件好事，卻沒有產生應有的效果；幫助了別人，對方卻認為是我們欠他的；辛辛苦苦發明一樣東西，卻發現這個世界並不需要它……之所以會出現這樣的情況，其中一個重要的原因是我們缺乏同理心，只是站在自己的角度思考問題。

人在少年兒童階段是很難具備同理心的，需要在隨後的時間裡刻意培養，否則長大之後很有可能會缺乏理解他人的能力。很多年輕人不知道如何愛別人，他們盡力討好別人，卻無法產生任何效果，這可能是因為他們不知道該如何站在對方的角度思考問題。

我們應該充分認識到的一點是，在這個世界上，很多人和我們不一樣。我們認為好的想法，對他們來講未必有意義 —— 當我們覺得所有人都需要某個發明創造時，他們其實並不需要；當我們覺得手頭在做的一件事跟別人沒什麼關係時，卻可能在無形中給他人的生活造成了麻煩。這些人會用行動告訴我們，缺乏同理心是有問題的。

再次，保持自己的敬畏心。

人在幼小、能力弱的時候，對事物是常懷敬畏的，但等到能力強了，本事漸長了，就會覺得自己無所不能，為了讓自己變得更有能耐，還會去學習很多新技能。

世界上的知識和技能近乎無限，而我們的時間和精力是有限的，以有限對無限，結果就是很多事情只能做到一知半解，很多技能也只練到二把刀的水準。

對於這個世界和社會，我們應該時刻保持敬畏之心。本事越大，就越要如此。俗話說，打死會拳的，淹死會水的，就是說人在沒了敬畏心之後，會失去判斷力，去做不該做的事情。

對於自己力所不能及的事情，就不要去做了；即使要做，也要在做之前先把技能練好。對於自己力所能及的事情，做起來也要留三分餘地。

最後，剝離情感。

我們都知道關心則亂這個說法，外科醫生是不給自己的家人做手術的，很多事情一旦讓自己的情感捲進去就做不好了。

當然，情感不是想剝離就能剝離的。很多事情發生在別人身上時，自己看得很清楚，而且還會告誡自己，遇到這類事一定不要感情用事。但真輪到自己的頭上，我們做得可能還不如他們。剝離情感需要從小事練起。外科醫生在從醫之初，大都會與病人共情；從醫之後，他們通常會培養出剝離情感的能力。沒有培養出這種能力的人，很有可能會因為承受不了幾次失敗的打擊而改行。

剝離情感不等於沒有同理心。它們看似對立，其實是一件事的兩

個不同側面。同理心要求我們在做判斷時摒棄以自我為中心的想法；剝離情感也是如此，它要求我們不要被情感牽著鼻子走，保持客觀、公正的判斷力。

我們這一生做的事情中，大約有七成不會帶來什麼結果或者影響力，有兩成會帶來好結果，還有一成會帶來壞結果。如果不去做那沒有結果的七成事，以及帶來壞結果的一成事，我們人生的效率就會高很多。所以我才會在這裡為你介紹判斷哪些事情不能做，哪些事情不需要做的軟技能——它比任何做具體事情的能力都重要。

最重要的能力
不是做具體事情的技能，
那些技能都可以慢慢學習；

最重要的能力是在還沒有
開始行動的時候，就可以
判斷清楚哪些事情沒必要
做。

第三封信

你必須獨特稀有，
才能對抗規模化

香帥

香帥

本名唐涯，著名金融學者，香帥數字經濟實驗室創始人。曾任北京大學光華管理學院金融系副教授、博士生導師，研究方向主要為資產定價、宏觀金融和網路新經濟。

代表作：
《香帥金融學講義》
《錢從哪裡來》
《金錢永不眠》

主理得到 App 課程：
《香帥的北大金融學課》
《香帥中國財富報告》

我親愛的朋友：

不知道你是不是跟我有一樣的感覺，這幾年，我們正處於時代的激流之中。

先給你一組數據。二〇二三年四月，十六到二十四歲青年人的失業率為 20.4%，創下歷史新高。對全社會來說，這可能是個冰冷的抽象數字；但對個人來說，這就是房租水電，庸常但真實。好幾個在大學任教的學生告訴我，班上學生幾乎都在考研＋考公，卷到天昏地暗。

不過，「求職者找工作超難」這個故事其實還有 B 面，就是「企業招合適的人超難」——這就和我要跟你聊的軟技能有關了。講一個發生在我身邊的故事。

我姐姐是一家投資孵化公司的 CEO，今年想招個財務人員，收了幾百份簡歷，大多數人學的是對口的會計學專業。結果面試了一圈，一個都沒能留下。我問她為什麼，她告訴我，絕大多數求職者其實都挺符合「財會」這個職務職務的傳統描述，能寫會算，也熟悉合規；但「財會」做的這些標準化、流程化的活兒，現在幾個會計軟體加個出納就可以處理了。

她們公司做的是投資孵化，大小項目幾十個，有跟投也有領投，有上市的也有早期的，有做醫藥的也有做晶片的，還有連鎖的孵化空間。公司規模雖不大，但業務觸及的行業和專業跨度大，介面更是多——

隨著投資專案越來越多，煩瑣程度也呈幾何級數上升。所以她發現，財務光懂賬遠遠不夠，擁有協調能力、組織能力和學習能力才是關鍵。

我姐不是特例，我身邊幾乎所有做企業的朋友都有類似的感受，合適的人太難找了；尤其是中小型企業的老闆，只要碰到「合適的人」，都願意不惜代價把他留下。

什麼叫「合適的人」呢？

我問了一圈後發現，在對「合適」的理解上，這些企業主是有共識的：第一，雙方的價值觀和生存狀態要契合；第二，企業普遍看重「工作軟技能」而不是「專業硬知識」的匹配。

前者好理解，一個期望朝九晚五、過平穩日子的人不會太合適創業公司；一個野心勃勃、能量無窮的人，卷在大國企、大機構裡也未見得會感到舒適。而這種合適與否會非常影響一個人的工作狀態——凹造型是不可持續的，時間長了造型一定會走形。後者主要是因為，隨著人工智慧、數位化和線上工具的發展，很多專業知識技能都在被標準化、模組化、程序化——就像當年的傻瓜相機和現在的智慧手機一樣，技術進步正在不斷降低「專業人士」的門檻。

還有，世界上的各大經濟體，包括中國在內，都進入了以服務業為主的經濟發展階段。相較於線狀結構的製造業，服務業是多執入門靠硬知識，躍遷看軟技能。行緒、多介面、多維度的網狀結構，解決系統性複雜問題的能力幾乎是專案管理的標配。

因此，企業對「人才」的定義也隨之發生了改變。原先，能完成某項具體工作任務的就是人才；現在，人才除了要搞定手頭具體的工作任務，還要解決系統性的複雜問題。而所謂解決系統性複雜問題的能

力，其實就是我在這封信裡想和你探討的軟技能。

—

在社會學的語境裡，軟技能是用來形容「情商」（EQ）的，與硬技能的「智商」（IQ）相對應。溝通能力、表達能力、目標和時間管理能力、社交能力、學習能力等，都可以算作軟技能。

這些詞聽上去多少有點「軟」，一股雞湯味。但現實世界中，隨著整個社會數位化程度的加深和服務業的分工細化，軟技能已經走進勞動經濟學研究的學術殿堂，開始被量化分析和理論化。

麻省理工學院的幾位教授對美國四百五十個常見職業的工作內容做了詳細的語義分析，之後他們抽象出了兩種未來最難被人工智慧取代的工作技能——創意和社交智慧，都屬於軟技能。**前者對應的工作能力包括分析數據和資訊、創造性地思考，還有為他人解釋資訊，也就是溝通和表達能力；後者包括建立和維護個人關係、談判與爭端解決、指導和激勵下屬、指導和幫助他人發展。**

你可能已經發現了，不同職務職務匹配的軟技能是很不一樣的。

例如在金融領域，量化金融分析師要具備在創造性思考之上的結構性的表達能力，而券商分析師更強調分析、理解、表達和相應的溝通。

這個研究發現讓我們團隊感到非常震撼，因為我們團隊的成員大多是大學年輕教授，對專業和技能的脫節特別有體感。在過去兩年間，我們用爬蟲工具搜集了頭部招聘網站上的所有數據，整理出了中國社會的五百個常見職位，然後參考麻省理工學院教授們的幾種研究方法，編

制了「中國職業技能發展資料庫」。

結合數據你會清晰地看到，軟技能的實際價值遠比我們想像的高。

以理財師為例，這個職務職務招聘時呈現的薪酬差距特別大。我們對不同薪酬的理財師職務做了語義分析，之後發現月薪一萬元、三萬元和五萬元的理財師在專業知識上的要求差別不大；薪酬躍遷，實際上對應著不同層面的軟技能——

月薪一萬元的理財師，在人際關係上只有「定期與客戶聯繫」、「為客戶介紹新的產品及金融服務」、「建立與客戶的良好信任關係」這類基本和籠統的要求。

月薪三萬元的理財師，在人際關係上的要求明顯提高了，有「熟悉紅酒品鑒、高爾夫、豪車試駕、珠寶鑒賞」、「能參與策劃高端客戶活動，提高客戶轉化率」。

月薪五萬元的理財師，在職位描述上就會強調「創新業務模式」和「建立及管理行銷團隊」。

簡言之，一名理財師若想讓自己的薪酬水準從一萬元到三萬元再到五萬元躍升，就要從「熟練工」到「社交達人」再到「創造型的領導者」，每一步都對應著軟技能的提升。

其他很多職務也是入門靠硬知識，躍遷看軟技能。例如律師、審計師，月薪一萬元左右的職位描述裡只列舉了一些流程性的工作，月薪三萬至五萬元的職位則都會非常強調人際協調和溝通能力。

▬

我還想告訴你一個我們在數據裡發現的非常有趣的現象——軟技

能創造流動性。

　　和老一輩的職場人相比，新一代職場人酷愛跳槽。再加上從二〇二一年開始，教培行業、建築行業等遭遇了滅頂之災，這兩年跳槽、轉行是職場常態。

　　獵聘在二〇二二年發佈過一個《中高端人才就業趨勢大資料報告》。資料顯示，二〇二二年第一季度，55.87% 的職場人有跳槽計畫，其中 65.34% 的人選擇跨行業跳槽。

　　怎麼保證跨行業跳槽的成功率呢？答案是軟技能匹配度。例如說房地產經紀，他們成功率最高的三個轉行方向分別是社區團購運營人員、直播行銷師和互聯網行銷師。再仔細看這些職務的工作內容描述，你會發現，它們特別強調社交智慧這種軟技能，尤其是「建立和維護個人關係」、「談判與爭端解決」這兩項能力。房地產經紀和這三個職務的軟技能相關度高達 0.96，也就是與這些職務要求的軟技能重合度高達 96%，轉行成功率不高才怪。

　　教培行業的老師也是這兩年轉行的大戶。除了從英語老師轉成翻譯之外，職業規劃師、合規內控專業人員和社區服務人員是教培老師轉行成功率最高的三個職務。同樣，我們仔細閱讀這些職務的工作內容描述後發現，它們對創意和社交智慧都有較高的要求，尤其是創意中的「為他人解釋資訊」這一條，是這幾個職務最看重的軟技能。老師和職業規劃師、合規內控專業人員以及社區服務人員這三個職務的技能相關度分別是 0.931、0.922 和 0.916。

　　看到這個結果的時候，我先是一愣，然後就笑了起來——果不其然，包括羅胖在內的所有「得到系」老師，雖然專業領域各不相同，但

確實都具備創造性地為他人解釋資訊的能力。怎麼去詮釋和表達一個資訊，本身就是一種創造力。想到這裡，我也忍不住腦補了一下，我是不是可以在社區和社會服務這些領域找找未來職業的第二春？

未來的職場生態，會逐漸向「硬知識決定下限，軟技能決定上限」的生態演變。

我有時會想，我們人類其實和魚一樣，記憶也只有 7 秒，容易因為短期波動過於劇烈而忽視了長期趨勢的力量。如果將時光機器倒帶，快進過二〇二二年到二〇二〇年的特殊時期，你會發現：數位和網路早已改變了勞動力市場的總量、結構和組織形態。勞動技能、勞動關係也都在不知不覺中發生了嬗變。

二〇二二年夏天，我跟十多個之前的學生聚餐，畢業三五年、七八年的，各有各的前景，也各有各的焦慮。他們最大的困惑都落在了上升通道會不會越來越窄上。酒過三巡，薄有醉意，他們問我：「老師，你覺得要怎麼抵抗時間、人事和各種不確定的侵蝕？」

我腦子裡突然浮現出著名經濟學家哈爾·范里安（Hal Varian）那張和比爾·蓋茨頗有幾分相似的臉。

生於一九四七年的范里安曾經在麻省理工、史丹福、加州大學柏克萊分校等頂尖院校任教，五十五歲那一年，他開始在谷歌擔任首席經濟學家，一做就是二十年。谷歌廣告拍賣、企業戰略和公共政策方面的頂層設計中都有他的影子。很少有人比他更懂得數位化是怎麼一點點改造我們的生存狀態的。

關於這個時代，范里安說，「Seek to be a scarce complement to increasingly abundant inputs」，你必須獨特稀有，才能對抗規模化。

我想，這也是我的答案吧。

找到自己的天賦，在場景裡不斷磨礪，將其轉化成你獨一無二的軟技能——這樣你才有機會與時間、時代做最堅強的抗衡。

什麼叫「合適的人」呢？

在對「合適」的理解上，
這些企業主是有共識的：
第一，雙方的價值觀
和生存狀態要契合；
第二，企業普遍看重
「工作軟技能」而不是
「專業硬知識」的匹配。

第四封信
做主人、門徒和辯友

施展

施展

北京大學史學博士，上海外國語大學教授。

代表作：
《樞紐：3000 年的中國》
《溢出：中國製造未來史》
《破繭：隔離、信任與未來》

主理得到 App 課程：
《施展‧中國史綱 50 講》
《施展‧國際政治學 40 講》
《施展中國製造報告 20 講》

親愛的終身學習者：

見字如面。

我是施展。羅胖邀請我給你寫封信，和你聊聊我在跨學科研究方面的軟技能。我剛接到這個邀請時有些惶恐，因為我也還在持續地學習，總感覺自己還有很多知識盲區。但轉念一想，我立志要成為一名終身學習者，跟更多的終身學習者聊一聊我這麼多年的學習經驗，也是個找到更多同道的好辦法。

所以，我就不揣淺陋，嘗試把我的經驗總結為如下四條，與你交流。第一，做時代的追問者；第二，做知識的主人；第三，做經典的門徒；第四，做高手的辯友。

這裡的後三條，初聽上去你可能會覺得有些奇怪——一個想要終身學習的人，怎麼可以如此狂妄，想做知識的主人？剛狂完，怎麼又低頭要當門徒了？當門徒也不老老實實地當，怎麼又想著到處找人去比試？實際上，不管是「做知識的主人」、「做經典的門徒」，還是「做高手的辯友」，它們都服從於第一條，也就是「做時代的追問者」。下面我來仔細解釋一下。

▬

義大利哲學家克羅采有個很著名的斷言你大概聽說過：「一切歷

史都是當代史。」我不知道你最初聽到這句話的時候是什麼感覺，反正我是有點蒙圈[1]的。歷史不都是過去的事情嗎？為什麼說它們是當代史呢？雖然搞不懂，但這句話聽上去很厲害，所以我也時不時會引用一下以假裝深沉。到後來，我的思考越來越多，逐漸摸到了這句話的門道，才真正感受到它的深刻性。

過去的事情太多了，任何人講述歷史，都不可能面面俱到地把發生過的事情全講一遍。在這無盡的過往海洋中，一個好的歷史學家，選擇講什麼，怎麼講，依據的是什麼標準呢？很簡單，他依據的是當下的時代問題。

每個時代都會有重要的時代問題，人們需要為它尋找答案。但這有個前提，就是人們首先要為這個時代尋找一個參照系；沒有參照系，就不知道答案該朝什麼方向尋找。而時代最重要的參照系，便來自歷史。所以，好的學者在寫作的時候，筆下寫的是過去，心中切念的卻是當下；他們是在對當下時代的叩問中，來觀照、思考、寫作歷史。如此的歷史敘述，當然就是一種「當代史」。

例如，文藝復興時期的那些大師，雖然筆下寫的是古希臘、古羅馬，心中想的卻是當時的義大利該如何復興。再例如，民國時期的很多大師，看似在談古史，實際探討的卻是當下的中國應如何再鑄精神內核。

人類歷史始終會有「變」與「不變」兩個維度。人類所面臨的現實處境可能一直在流變，但人性是永恆不變的；永恆的人性面對流變的

---

1 中國網路用語，意指暈頭轉向，茫然。

現實，會有不同的表現形態。相應地，所謂的時代問題，也就有表層和底層兩個維度。

在表層，要看到這個時代的特殊性問題，究竟是什麼讓這個時代顯得如此不一樣，把它與其他時代區分開來，這是我們發現時代問題的具體切入點。而在底層，要看到永恆的人性，看它是如何在一種具體的處境下，構造出特殊的時代問題的，這是我們從根基上尋找答案的入口。

若想有實在的知識與思考，不停追問當下最重要的時代問題，是你應該邁出的第一步。

—

有了對第一條經驗的闡釋，第二條經驗「做知識的主人」，就相對容易理解了。回看人類的知識發生史，你會發現：不僅歷史學在回應時代問題，任何一個偉大理論都在做相似的工作。沒有哪個偉大的理論是人們拍腦袋想出來的，它之所以會出現，通常是因為當時的人遭遇了重大的時代問題。

偉大的問題，總是可以逼問出偉大的答案。人類的知識樹與歷史上人類所面臨的問題相互纏繞，如同 DNA 的雙螺旋，是共同生長起來的。

你會發現，偉大的知識在其誕生之際，都是用來解決問題的工具；之所以有各種不同的理論與學說，是因為切入問題也有很多不同的角度。這就像我們需要用不同的工具來生產一台汽車，對工廠來說，生產汽車才是目的，工具本身不是目的；工廠會從生產的需求出發，來選擇

和調試工具，而不會從手頭的工具出發，來決定汽車應該是什麼樣子。

因此，面對知識的正確態度，就是要做它的主人，它是為解決我們所叩問出來的時代問題而服務的。為了解決問題，需要什麼工具，就把什麼工具調用出來；發現有什麼必備的工具不會用，那就去學會使用它。但仍然要記住，做它的主人，而不要被它反客為主。

真正的知識並不是用來炫耀的智力遊戲，也不是用來謀生的僵死教條，而是與時代充分互動的、充滿活力的思想。它要對時代問題有深切而敏銳的關注，能犀利而精准地對其進行解剖，但這一切若要得到充分發揮，都仰賴於使用工具的主人。

——

做知識的主人，這並不是一種傲慢，而是我們面對工具時一種恰當的態度。但在這麼做之前，你要先俯下身來，成為經典的門徒。這是我的第三條經驗。

前面從一階高度看，知識僅僅是工具；但到二階高度，你會發現，知識又從根本上定義著「人」。我們所說的經典，就在二階高度上。

這話聽起來有些費解，舉個例子就容易明白了：大海到底是天塹還是通途，實際上與大海的物理屬性沒有關係，只取決於我們如何看待大海。如果把它視作天塹，我們的工具性知識就會專注在大海以外，只是琢磨陸地上的問題，大海也就真的會成為天塹；而如果將其視作通途，我們的工具性知識就會專注在大海上，最後它也真的會成為通途。

我們到底會如何看待大海呢？這就與工具性知識無關了，而是取決於我們的基本宇宙觀。

最初，人類的宇宙觀是由宗教給出的，但在軸心文明誕生之後，基於反思的知識體系開始出現——哲學便起源於對終極問題的反思——進而構築起了新的宇宙觀。

反思意味著我們不再不假思索地接受給定的答案，而是要先問為什麼。任何學科都會有哲學式的反思，所以我們會看到諸如政治哲學、經濟哲學、社會哲學等說法，它們都是要向此前給定的答案問為什麼。這樣一種提問，不僅僅是在追求新的答案，更是在提供一種新的方法論，這些知識會重新定義人與世界的關係，也就是重新定義「人」。

你會看到一些書被冠名為《政治哲學》、《經濟哲學》、《社會哲學》等，但真正原生性的政治哲學、經濟哲學、社會哲學並不在這些書中，而是藏在這些學科的奠基性著作裡。例如，原生性的政治哲學藏在柏拉圖的《理想國》、亞里斯多德的《政治學》等書中；原生性的經濟哲學藏在亞當‧斯密的《國富論》、李斯特的《政治經濟學的國民體系》等書中；原生性的社會哲學藏在涂爾幹的《宗教生活的基本形式》、韋伯的《經濟與社會》等書中……這也是它們被稱作「經典」的原因之一。

這些經典並不好讀，因為它們是要反思那些我們在過往不假思索便接受的答案，這讓我們剛剛開始讀的時候，往往搞不懂它們是在說什麼——太多不假思索的既有答案限制了我們的視野，導致我們很難想像這些答案以外的可能性，以至於我們在初期會覺得這些經典是在胡說八道。

所以，我在讀經典時，給自己設定了一個基本的讀書態度，就是要假設書中說的每句話都是對的；如果讀來覺得哪裡像是胡說八道，那

一定是我的問題，而不是經典的問題。當然，這裡有個前提，就是這些書真的是經歷了百年甚至千年的歷史汰選，仍然被人們公認為經典——因為只有這種經典，才值得你這樣去讀。後面和菜頭老師給你講如何閱讀一本書的時候也會提到這點。（請翻閱本書「閱讀從哪裡開始」）。

所謂「是我的問題」，意思是，過去我很可能陷入了對世界某種不自覺的預設當中，我被這個預設限制住了，以致世界在我眼中只能呈現出特定的形態，其他形態都變得不可理解。我的破解辦法有些類似於傳統相聲《扒馬褂》，裡面有個借了馬褂的傻小子，千方百計地替出借馬褂的東家圓各種謊，說不通的硬是能給說通。我就是要替那些經典的作者圓謊，把他們初看上去根本說不通的東西硬是給說通。

實際上，我哪有什麼資格給那些頂級大師圓謊？我的所有努力，只不過是一種思想上的自我拯救而已。每圓上一個謊，我就發現了自己的某一種狹隘。大師帶著我進行反思，幫我豁然發現世界的更多可能性。

這是個很艱苦的過程。我曾經花了整整一年的時間來啃康德的《純粹理性批判》，經常一下午坐在那裡一動不動卻只能讀半頁，一句話得反反覆覆琢磨上大半個小時。不過，以這種方式下過幾年苦功夫後，在思維能力上就會有脫胎換骨的感覺。

我再說一遍，只有做好經典的門徒，才有資格當知識的主人，否則就會墮入狂妄無知的傲慢。而「做經典的門徒」這件事情，是沒有終結之日的；終身學習，也就意味著「終身門徒」。這是個不斷深入反思的過程，也是個不斷自我拯救的過程。

—

若是想真正做好經典的門徒，我還要提出第四條經驗，就是要成為高手的辯友。

現代的學術體系是高度專業化的，任何一個學科內部都分化出了極其專門的細分領域。很多專家窮其一生，就是沿著某個細分領域不斷深入下去。

這樣當然會鑽研到非常深的境地，就像是順著一口井挖下去，挖得越深，對這塊地的理解也就越深，別人很難與你相比。但由此也會付出代價——抬頭再看，井口離自己也就越來越遠，天也就顯得越來越小；時間長了，你甚至會忘記更廣大的天的樣子，眼前只剩下越來越小的這一片。

如果僅僅是看到的天變小了，這還不算太糟糕。更糟糕的可能性是，因為某場突如其來的地震，地殼扭曲，這口井下面的礦脈移走了；再繼續往下挖的話，完全是在做無用功。你可以想像一下：在哥白尼之後的那個世紀，正是日心說（也稱為地動說）獲得完善並最終勝出的時代。如果有一個生活在那個世紀的人，他在地心說的特定問題上挖得特別深，完全沒有意識到正在發生的理論變遷，那麼他投入的大量精力，最後都會淪為無用功。

當你在苦讀經典的時候，如何避免眼中的天變得越變越小呢？如何避免在錯誤的礦脈上勤奮地做無用功呢？

我認為僅僅靠你自己一個人是避免不了的，甚至你的狹隘還會不斷強化。你需要找到一群跟你一樣追問時代的問題、想做知識的主人、願做經典的門徒的人，而且他們的看家功夫是在其他學科，你要與這樣

一群人持續地討論、爭辯。

為什麼？這些人滿足前三個條件，意味著他們算得上高手，你們會是旗鼓相當的辯友；滿足最後一個條件（看家功夫在其他學科），意味著你們處在不同的井裡，爭辯過程會幫彼此打開盲區，幫彼此看到不一樣的深井，更看到不一樣的天。

見識的深井足夠多了，通過不同井口見識的天也足夠多了，最後你會逐漸把它們連綴成一幅完整的圖景，更豐富、更有層次的認知便會逐漸浮現出來。

你可能知道我有一群志同道合的高手朋友，我們組成了大觀學術小組，你熟悉的劉擎老師、李筠老師、張笑宇老師都是小組的成員，此外還有十幾個兄弟。我們已經以前面所說的方式共同研究、共同爭辯了十幾年的時間。

我非常有幸能有這樣一群高手朋友做辯友，相互砥礪，每個人都有巨大的收穫。我也非常高興羅胖給了我這個機會，讓我可以把這幾條經驗分享給你。期待你也能找到一群志同道合的高手朋友，一起去追問時代的問題，做知識的主人，做經典的門徒。

偉大的問題，總是可以逼
問出偉大的答案。

施展

第五封信

問出傻問題，
真知自然來

薛兆豐

薛兆豐

經濟學者，曾任北京大學國家發展研究院教授，長期關注法律、管制與經濟增長之間的關係。

代表作：
《薛兆豐經濟學講義》
《商業無邊界》
《經濟學通識》

主理得到 App 課程：
《薛兆豐的經濟學課》

各位讀者朋友：

　　你好，我是薛兆豐，一名經濟學者。寫信給你，是想與你分享我在學習經濟學的過程中運用的一項軟技能。讓我先談談軟技能為什麼很重要。

　　■

　　我們可以從一次成功中總結出很多關於成功的經驗，但是，就算這些經驗被再多人分享和模仿，也未必能夠再複製一次成功。原因之一，是成功顯而易見，成功的要素卻往往深藏不露。把那些深藏不露的成功要素找出來，或許能夠增加成功的機會。

　　成功的要素之所以藏在暗處，一種可能性是它們沒有被人意識到。例如，網路購物與實體店購物，最大的區別在於是否可以親測。照理說，標準品，也就是不用親測也能確保品質的商品，如可口可樂，容易在網店銷售；而像服裝這樣的非標準品，由於顏色、寬鬆度、體感和搭配都無法親測，網店銷售應該很困難才對。

　　然而，服裝早就是網店熱銷的大品類。其成功的要素究竟是什麼，我至今也沒有找到完全滿意的答案。幸運的是，企業家和商人不會等學者先分析出原因，再去冒險和嘗試——他們已經試出來了，已經知其然了。至於知其所以然這件事，可以留給別人慢慢做。

　　成功的要素之所以藏在暗處，還有一種可能性是成功者運用了別人不容易聯想的軟技能。

　　柴契爾夫人開始從政時，說話嗓音高，語速快，給人輕浮急躁的感覺。後來她接受了顧問的意見，專門請專家輔導，逐漸培養出了音調深沉、語速穩健的說話風格，受到了當時英國廣大民眾的喜愛。政治家受歡迎一般是因為政策主張，但說話方式的影響那麼大，不容易聯想。刻意練習發音，是柴契爾夫人的軟技能。

　　再來看指揮家卡拉揚。音樂是用耳朵聽的，但卡拉揚的成功，跟他透過精心製作音樂影片，讓聽眾「看音樂」是分不開的。卡拉揚擁有自己管理的樂隊、錄音師、攝影師和剪輯師，他透過大量特寫鏡頭重現了古典音樂每個聲部的細節，同時確保視頻中他自己的鏡頭時常保持壓倒性的占比。透過渲染視覺來提升聽覺，是卡拉揚的軟技能。

　　有時候，成功者喜歡淡化自己的軟技能，這也會使成功的要素變得更加神秘。以善於捕捉「決定性瞬間」而聞名的攝影家布列松，其實不僅受過繪畫訓練，還是超現實主義的追隨者。布列松在攝影作品中悄悄實踐他的美學理念，卻讓世人相信他僅僅是一名善於抓拍的攝影師。這或許是「決定性瞬間」的標籤，聽起來比「超現實主義」更親民、更酷炫的緣故。想想就能知道，僅靠抓拍是成不了第二個布列松的。但美術修養和美學主張——布列松的這些軟技能——都被他淡化甚至藏匿了。

　　不過，探索軟技能的培養雖然很有趣，也很有啟發性，但無論怎麼觀察和總結，別人的軟技能都是別人的，未必適用於自己。如果某種軟技能被社會普遍地強調和追逐，那它就不再是軟技能，而是硬指標了。

　　其實，成功不可複製，原因之一就在於總是存在軟技能的影響，不能光靠硬指標。既然是軟技能，那就不要一窩蜂地去追求，而應該獨自揣摩，量身定制，冷暖自知。

　　■

　　要我說自己的一項軟技能，那就是在求學的過程中，多問傻問題。問傻問題，就是從根本問起，不怕別人笑話，問到自己完全懂為止。

　　問，還不一定是開口問，也可以是暗自問。因為太傻的問題，眼前的老師未必有能力回答。你可以把問題留在心裡，然後默默地留意哪個人有能力回答。如果遇到，他就是「明師」，即明白的老師。明白的老師不一定有名，有名的老師不一定明白。名師就在那裡，難找的是「明師」。

　　與問傻問題對照的，是敷衍式的虛假學習。機靈的孩子和乖孩子，都比較容易出現虛假學習的情況。憑著小聰明，或者出於對老師的順從，哪怕是囫圇吞棗、不求甚解、搬字過紙，考試也能考及格，甚至拿高分。

　　我並不完全反對虛假學習，原因有兩個。一是虛假學習比較省時間，能考高分。以我的觀察，有些人讀完博士，成為學者，依然是在虛假學習。學問只是他們求職和晉升的敲門磚和墊腳石——他們能準確複述書本上的內容，但他們並不相信自己複述的知識。用傅利曼的話說，就是「只背熟了樂譜，但沒聽過音樂」。不過，既然是實用和功利的，我們也不能完全反對別人採用這種辦法。

　　二是知識本身的扎實程度是參差不齊的。一套知識體系，越扎實

就越不怕有人追問傻問題。相反，如果是不夠一致和扎實的知識體系，就經不起有人追問傻問題。對於這種知識，敷衍一下即可，並不是所有知識都值得深究。

當然，虛假學習有一個缺點，那就是它會讓人失去真正理解世界運行規律的機會，同時也給人日後的深造設置了天花板。通過虛假學習獲取學問，一個人最多只能達到人云亦云的程度。

所以，**對於那些有價值且扎實的知識體系，我會選擇用笨辦法，透過反覆問傻問題來學**。讓我重複一遍：問傻問題，就是從根本上問起，不怕別人笑話，問到自己完全懂為止。

在學習經濟學的過程中，我看到過很多傻問題，自己也問過很多傻問題。例如，經濟是否可以用電腦來規劃？為什麼坦白可以從寬？經濟增長有沒有極限？為什麼要拯救地球？一點本事都沒有的人怎麼活？價格有沒有不道德的時候？競爭和合作哪個更好？合作和勾結的區別在哪裡？房價高一點好還是低一點好？……

順著這些傻問題，我嗅到了經濟學最扎實的原理，識別出了一連串「明師」，體驗到了窺視市場運行規律的莫大愉悅，後來還喚起了更多學生對經濟學的好奇心。

賈伯斯說：「Stay hungry, stay foolish.」他當時是在鼓勵人們不要滿足，敢於嘗試，所以可以譯為「保持欲望，保持勇敢」。而我說的要多問傻問題，英文也能用「stay foolish」來表示，但我的意思是不同的——不是保持勇敢，而是保持天真，堅持「不知為不知」。

　　回頭看，得到 App 上《薛兆豐的經濟學課》的最大特點，不在於它深入淺出，不在於它實例豐富，也不在於它簡樸直白，而在於它在回答傻問題。正是經濟學這種對付傻問題的威力，讓我一次次感受到經濟學思維方式的魅力；也正是這些傻問題，讓同學們覺得經濟學的思維方式是可親近的。

　　如果說教經濟學是我的專業，那麼問傻問題就是我的一項軟技能。我也想把這項軟技能推薦給你，讓它成為你另闢蹊徑的一位嚮導。

成功不可複製，
原因之一就在於總是存在
軟技能的影響，不能光靠
硬指標。

蕭啟慶

第六封信
為什麼每個人
都要懂點大趨勢

何帆

何帆

經濟學者，上海交通大學安泰經濟與管理學院教授。曾任中國社會科學院世界經濟與政治研究所副所長，北大滙豐商學院經濟學教授。

代表作：
《變量》[1]
《大局觀》[2]
《若有所失》
《猜測和偏見》

主理得到 App 課程：
《何帆中國經濟報告》
《何帆的讀書俱樂部》
《何帆大局觀》
《何帆‧宏觀經濟學 30 講》

---

1 繁體版《變量：看見中國社會小趨勢》，2019 年，聯經出版。
2 繁體版《大局觀：真實世界中的經濟學思維》，2019 年，高寶出版。

親愛的讀者：

你好啊，我是何帆。這封信想跟你聊一聊一項聽起來很玄的軟技能，那就是如何判斷大趨勢。

你原來可能不關心大趨勢：我一個平頭百姓，關心柴米油鹽還不行，管什麼天下大事，累不累啊？可是，最近幾年，你肯定注意到了：你不理它，它就來理你。國際上發生的事情有俄烏戰爭、中美貿易摩擦，國內發生的事情有教培行業整頓、房地產企業債務違約，好像都來得特別突然，讓人摸不著頭腦。

這個世界會不會突然變得更糟？最糟會是什麼情況？會不會影響到我？想回答這些問題，就得學會判斷大趨勢。

看清大趨勢，說難很難，說容易也很容易。

你肯定沒想到俄羅斯會攻打烏克蘭，但很多人預測過這件事。比較有名的就是米爾斯海默，他是芝加哥大學的政治學教授。還有不少研究國際政治的專家也說過這件事，他們知道這件事情爆發的機率很大，只是猜不出具體是哪一天，也猜不出一旦打起來誰會贏。

再說國內的教培行業吧。一場暴風驟雨過後，萬億規模的中國教培行業幾乎一夜崩塌。政策變化怎麼會這麼突然呢？教培行業巨變的起

因是「雙減[3]」政策，可是，「雙減」政策早就已經出台了。如果你經常看新聞就肯定知道，教育部一直在說這件事。說白了，這就像一場開卷考試，只是大家都沒有帶書，於是都考了不及格。

你會發現，大趨勢不是一夜之間從天而降的，不像小行星撞擊地球，說來就來，跟誰都不商量。**越是大趨勢，越有一個醞釀的過程。這對你來說是個好消息 —— 大趨勢都會事先給你發信號，你總有一段充裕的時間去準備。**

而問題是，我們常常會忽視這些信號。猶太作家埃利·維瑟爾（Elie Wiesel）寫過一本書 ——《夜：納粹集中營回憶錄》（*Night*），是部自傳體作品，寫了他們鎮上的猶太人被抓進納粹集中營的故事。書裡面有個情節很讓人唏噓：鎮上一個流浪漢曾經被抓走過，見過集中營裡的大煙囪冒煙，知道那是燒死人的。不知怎麼的，他居然逃了回來，跟鎮上的人講自己看到的真相，可是沒有人相信他。

別人告訴你信號，十有八九你不信。說到底，還是要自己說服自己，你得自己有一套方法論。

▃

具體怎麼做呢？我先告訴你一個重要的概念：慢變數。

如果你到海邊，看見海上有波浪，那我問你，為什麼海上會出現波浪？如果你是快變數的信奉者，你可能會說，我看了天氣預報，說今天有大風，無風不起浪。

3　雙減政策是指 2021 年 7 月中國發布的「減輕義務教育階段學生作業負擔、減輕校外培訓負擔」相關規定。

　　這個解釋當然有道理，而且它背後的快變數很重要——如果你不看天氣預報，貿然和女朋友出海，颱風來了，可能就回不來了。

　　但你別忘了，海上之所以會起浪，是因為有太陽和月亮。如果你不瞭解因日月引力而生的潮汐現象，就無法預測什麼時候會漲潮，什麼時候會落潮。如果你是艾森豪，就沒有辦法判斷應該在哪一天發動諾曼第登陸。同樣，你也沒法想到潮汐發電的點子。

　　太陽和月亮，就是我說的慢變數。它們看起來沒有變化，看起來跟你沒有什麼關係，但它們就是海上出現波浪的最根本的原因。所以，慢變數很可能是人們已經熟悉的事物，但人們總是會低估他們所熟悉的事物的力量。

　　舉個例子，人口就是典型的慢變數。這個變數的規律是，隨著生活水準的提高，生育率會下降。背後的原因有很多，例如，婦女的經濟地位和社會地位提高，就會選擇少生幾個，但精心培養。看中國的資料，新出生人口數量從二〇一六年之後一路下跌。

　　到二〇二一年，全年出生人口一零六二萬，創歷史新低。

　　我拿人口來舉例子，是因為這個變數太容易預測了。如果你知道二〇二二年出生了多少孩子，就能知道二〇二五年會有多少孩子上幼稚園，二〇四〇年會有多少青年上大學，甚至能算出二〇八〇年之後有多少人陸續退休。我拿人口來舉例子，也是因為它跟我們每個人息息相關。可是，這麼簡單、清晰、重要的慢變數，我們卻很容易忽視。

　　來看兩組數字吧。二〇二二年，中國應屆大學畢業生總人數是一千多萬，而同年的新生兒和大學畢業生幾乎數量相當，也在人們總是會低估他們所熟悉的事物的力量。一千萬上下。這意味著什麼？第一，

未來沒有那麼多學生了，以後大學要縮減規模，中學、小學和幼稚園可能也要縮減。請問，當你考慮要不要讀博，讀完博士要不要留校，或者讀完大學要不要當中學老師的時候，你想過人口這個慢變數對未來的影響嗎？第二，還有一種可能的情況，就是學校的規模不會縮減，這樣一來，孩子上大學就要比以前來得容易了。未來也許不是學校挑孩子，而是孩子挑學校。請問，如果你家孩子還小，你有沒有想過還需不需要跟風去「雞娃」呢？

順著這樣的思路，你會看到很多慢變數，它們提供的答案都很清晰、簡單。

再舉個例子，地緣政治，一個典型的慢變數。你一定聽說過，好多外資從中國撤到越南了。那以後會出現什麼情況？

地緣政治告訴你，對越南來說，美國離它很遠，中國離它很近。中國和越南在同一個區域生產網路裡，而中國是這個生產網路的增長極（Growthpoletheory）。你再順著這個思路去想，那中國廣西的發展空間就很大啊，它離越南那麼近。說不好，未來將是三十年廣東，三十年廣西。

還有，工業化也是一個慢變數。二〇二二年，新能源汽車賣得特別火爆。但在二〇〇三年比亞迪決定研發新能源汽車時，消息一出，股價大跌。大家說，你一個生產手機電池的，在這裡起什麼哄啊。二〇二二年，歐洲的天然氣、石油價格暴漲，網上流傳，歐洲人要來搶中國的電熱毯了。其實，受益更大的是中國的太陽能光電產業——歐盟想降低對俄羅斯能源的依賴度，在建築物上裝太陽能板。而裝太陽能板這件事，就得來找中國了。但別忘了，當年中國的光電產業也曾是重複建

設、產能過剩、低價出口、沒人看得上的。

看慢變數,得有耐心。

———

你可能注意到了,我特別強調在這些慢變數中出現的新變化,從中可以引出我要跟你講的第二個概念:小趨勢。你可以把它理解為在大趨勢到來之前,那些先向你發來的信號。**怎麼判斷未來大勢?一句話概括,就是要沿著慢變數去尋找小趨勢。**

在沒有慢變數的情況下去找小趨勢,你會找不到方向的,因為小趨勢太多了;而要是沒有小趨勢,光看慢變數,看久了你就煩了——什麼變化都沒有,你讓我看它幹嗎?

那什麼是小趨勢呢?我舉個例子。二〇一八年,我調研了北方的一個海濱社區,阿那亞[4]。阿那亞的地理位置其實不算好,原來是賣不出去的個案,沒辦法,才想辦法去做社區營造,組織業主們做各種各樣的活動,開畫展、辦音樂會、放風箏、海邊跑步……放在二〇一八年,你會覺得阿那亞就是個特例——別的社區哪有這麼多閒人,天天搞這個活動那個活動的?人們都在忙著賺錢,買房就是圖房價上漲。

但到現在,這個小趨勢就可以看得非常清楚了。阿那亞的實質是社會大眾對美好生活的嚮往。我們已經走過了溫飽階段,也已經進入了小康社會,自然會有「把自己的生活過得更美好」的心願。那問題來了,什麼是美好生活?不知道啊。老師沒教,家長沒教,我們不會啊。想過

---

4 阿那亞小鎮,位於渤海岸邊的秦皇島黃金海岸,是近年中國熱門的度假村。

美好生活，不是口袋裡有錢就行。美好生活是一種技能，你要去學習，還要去實踐；美好生活需要對美的感受，而審美可是童子功，從小見過美好的東西，長大了才知道什麼是美好生活。沿著這條線索，你就能發現：這些年發展最快的幾個行業，都跟美好生活有關。

例如說，鮮花。過去開花店，一般會開在醫院門口，因為買鮮花是為了去探望病人。或者趕上情人節、母親節這樣的日子大賣一把，平常就沒生意了。現在呢？越來越多的人為了愉悅自己而買鮮花。這個市場一下子被打開了。

再例如說，裝修。以前室內設計師都是依附於房地產公司的。一張戶型圖畫出來，可能一蓋就是幾萬套，甚至幾十萬套。你家跟別人家一模一樣——過去買房的人不在乎這個，不是說了嗎，買房是圖房價上漲。現在呢？房住不炒，人們的觀念也發生了轉變：買房是為了有個家，這樣就會花心思把自己家弄得更舒服、更優雅。於是，就有一批獨立的室內設計師出來了，他們直接為住戶服務，接的單子越來越多。

好，現在你知道了，預測未來趨勢的方法論是在慢變數中尋找小趨勢。可是，到底要怎麼做呢？

想要對慢變數有更深刻的理解，你要去好好學習歷史。馬克·吐溫說過，**歷史不會重複自己，但總是押著同樣的韻腳**。一個國家的歷史很重要，這個國家過去發生過什麼，以後遇到同樣的情況，還會再來一遍。一個企業的歷史也很重要，這個企業有沒有經歷過危機和衰退，會對它的經營理念有很大的影響。一個家庭的歷史也很重要，上一代沒有

解決的問題，到了下一代還會重演。以我的觀察，一個國家，一個企業，一個家庭，在做決策的時候，大多數情況下都不是依靠什麼理論，而是憑對歷史的記憶。我把這種記憶稱為「集體記憶」。

二〇〇八年，美國爆發金融危機，時任聯準會主席柏南奇想到的肯定是一九三三年的大蕭條。遇到二〇一九年的新冠肺炎疫情，我們馬上想到的就是二〇〇三年的 SARS，所以中國的新冠肺炎防疫政策跟二〇〇三年特別像。人們都在討論未來的新技術革命會是什麼樣的，先去看看工業革命那段歷史，我相信你會有很深的感受。

想要更敏銳地把握小趨勢，你要鍛鍊自己的觀察能力。推薦一本書，藝術史專家艾美・赫爾曼（Amy E. Herman）的《看出關鍵》（Visual Intelligence）。她在紐約一家美術館工作，卻教會了很多員警、特工、軍官和士兵如何洞察。注意到人們的鞋襪，可能就阻止了一場恐怖襲擊；學會看莫內的《睡蓮》，能讓企業節約數百萬美元。這就是洞察的魅力。你會用一個小時的時間去看一幅畫嗎？你會用一個下午的時間去觀察街上的行人嗎？赫爾曼告訴我們，行動前，要先學會花時間去觀察。

除此之外，你還要走出自己的小圈子，去看看別人的小圈子裡都發生了什麼。互聯網並沒有讓我們變得全知全能，相反，它把我們禁錮在各自的同溫層效應裡。在一個人的微信朋友圈刷屏的那篇文章，在另一個人的朋友圈也許根本就沒有出現過。所以，千萬不要認為你在網上看到的資訊就是真實的世界。事實上，**小趨勢往往發生在年輕人那裡，發生在邊緣地帶，發生在交叉學科，這需要我們從自己的舒適區走出來，去理解別人，去理解別的領域。**

　　例如，你可以先從幾件小事做起 —— 過年回家，就是一個社會調研的機會；在機場等飛機，也能觀察周圍的行人；跟孩子們聊聊，能從他們那裡學到很多；和老人們聊聊，會發現每個老人都是人生智慧的寶藏。

　　親愛的讀者，希望你聽了這番話，首先能去掉對判斷大趨勢的敬畏，不要以為那是專家和學者才能幹的事；你也能，而且很可能你能比他們做得更好。更重要的是，通過研究慢變數、觀察小趨勢，你不但能提升自己的判斷力，更好地預判未來，還能在這個自我修煉的過程中，體會到很多新的樂趣。

人們總是會低估
他們所熟悉的事物的力量。

第七封信
用機率思維
提高你的勝算

老喻

老喻

本名喻穎正，未來春藤教育科技公司創始人，微信公眾號
「孤獨大腦」主理人。

代表作：
《人生演算法》[1]
《成長演算法》

主理得到 App 課程：
《老喻的人生演算法課》

---

[1] 繁體版《人生算法》，2022 年，平安文化出版。

我聰明而又可愛的朋友：

願你近來都好。

滿腹才華的你，值得擁有幸福安寧的生活，只要配上冷靜的大腦。

是的，你不必擁有更多才華，也無須變得更聰明，「冷靜的大腦」才是人生贏家們的秘密武器。在我看來，這是一個理性的現代人最重要的軟技能方向。

在這封信接下來的內容裡，我將和你一起來實現如下目標：用軟技能提升做對人生決策的機率。

讓我們從一個有趣的故事開始。

一個陌生人來到一個小鎮，想與當地人交朋友。他走到小鎮的廣場上，看見一個老頭。老頭身邊有條狗。

他問道：「你的狗咬人嗎？」老頭說：「不。」

於是陌生人彎腰拍了拍這條狗，狗撲上去，咬了他一口。

陌生人問老頭：「你不是說你的狗不咬人嗎？」老頭說：「這不是我的狗。」

這個故事原本用於提醒管理者：問對問題很重要。但在我看來，它還有更深層的啟發：要小心你那些默認因果前提。這個陌生人假設老

人身邊的狗就是他的狗，但這是一個錯誤的假設前提。

讓我們複盤一下這個極其簡單的「因果」過程：

因為你的狗不咬人，你身邊的狗是你的狗，所以你身邊的狗不咬人。

然而，你自以為的「因」——「你身邊的狗是你的狗」，只是一個想當然的假設而已。

哲學家休謨有一個奇怪的主張：因果關係並不存在。他說：「我們無從得知因果之間的關係，只能得知某些事物總是會連結在一起，而這些事物在過去的經驗裡又是從不曾分開過的。我們並不能看透連結這些事物背後的理性為何，我們只能觀察到這些事物的本身，並且發現這些事物總是透過一種經常的連結而被我們在想像中歸類。」

以一個問題為例：明天太陽一定會升起嗎？

人類的推理方法是：因為在我們的生活中太陽每天都會升起，所以明天太陽一定會照常升起。你可能已經發現了，這個推理包含了一個錯誤的假設條件；明天和我們生活的每一天都一樣。

休謨不相信這種歸納推理的有效性。他認為用這種方法得出的因果關係，其中缺失了某些鏈條。他的理由是：心靈就算用最精密的考察，也不能從假定的原因中找出結果來；因為原因和結果是兩個完全不同的東西，所以我們絕不能從原因中找出結果。這種懷疑論看似只是哲學家的「槓精遊戲[2]」，然而休謨的思想不僅影響了像康德這樣的思考者，

---

2 中國網路用語，指愛抬槓的人。

還影響了愛因斯坦這樣的科學家，以及索羅斯這樣的世俗大玩家。

理解休謨不容易，但我們非要搞明白不可。

我們從小接受的都是關於「因果論」的教育。在學生時代，「因為……所以……」被拆成一個個清晰的步驟，證據確鑿，邏輯清晰，容不得半點差池。可到了現實世界，我們卻發現：哪裡有什麼因果？不管你多麼才華橫溢，現實都不會給你一道「因果分明」的難題來做。

你以為自己是在「拔劍四顧心茫然」，其實是缺乏應對這個不確定世界的軟技能。

　　—

休謨斬斷了人類對因果的幻覺，帶我們進入因果關係的更深處。他曾提過一個很有建設性的觀念：「聰明人會把自己的信念訴諸證據。」而我更願意將這句話修改為「聰明人會把自己的信念訴諸證據和機率」。

我認為機率將與休謨的哲學攜手，把人類帶入與不確定性共舞的黃金時代。

人們對因果關係的迷信，來自對確定性的渴望，以及對隨機性的恐懼。為了得到一點點確定性的幻覺，人們願意付出任何代價，而這麼做又會將自己置於更大的、更危險的不確定中。

即便在那些看起來很厲害的道理，甚至很嚴格的科學理論中，也不一定存在 100% 的因果。人們能夠得到的只是一個機率數值。

所以，在現實世界，在工作、生活、投資中，我們要去除這樣一種句型：「如果……那麼肯定……」這個句型應該以加上機率的方式表達出來：「如果……那麼有 80% 的可能……」在此基礎上，再去分析

這個機率的條件，並不斷透過實踐去更新機率。我們要能夠接受模糊的精確，並意識到這遠遠好過精確的模糊。

沒錯，這個世界因果難辨，但人類還是可以在迷霧中跌跌撞撞地前行。這正是軟技能的價值所在。

我聰明而又可愛的朋友，你一定會懂得為何我要花如此多的筆墨在「無用」的內容上。

《道德經》開篇第一句寫道：「道可道，非常道。名可名，非常名。」

這句話是說，真實之「道」和真實之「名」是無法言說的。我們不知道萬物始源，不知道造物主的規則與演算法，但我們還是可以用一種模糊而柔軟的方式去接近天地之道。

這是我所理解的軟技能——

其「軟」，是道家的無名之道和柔弱之德。對比世俗的堅強和硬，此處的「軟」並不軟。

其「技能」，是來自（看似無用的）真實之「道」的工具和方法，只有它們才能讓我們更從容地應對和體驗這個妙不可言的世界。

在這封信的開始，我對你說，滿腹的才華只有配上冷靜的大腦才有價值。這個道理老子早有洞見，他說：「知人者智，自知者明。」《老子讀本》一書如是解讀：由現象驅動行為的世間之「知」被稱為「智」，超越於此的睿智聖人則被稱為「明」。前者是滿腹的才華，是硬技能；後者是冷靜的大腦，是軟技能。

我聰明而又可愛的朋友，以下是一套提升做對人生決策的機率的

軟技能，請你收下。

＿

要點一，量化。

英國物理學家克耳文說：「當你能夠量化你談論的事物，並且能用數字描述它時，你對它就確實形成了深入瞭解。但如果你不能用數字描述，那麼你的頭腦根本就沒有躍升到科學思考的狀態。」

就像氣象預報明天有雨，會說「有 80% 的機率下雨」一樣，你也要養成類似的思考和溝通方式。

假如有人約你週末吃飯，在你還不確定的時候，別說「也許」、「可能」、「或許」、「大概」這類詞，最好說「我有 60% 的把握」；如果想有點戲劇化的效果，還可以說「我有 58.62% 的把握」。你可能會覺得，像這樣給出一個估值很傻。但在我心目中，這可以被用來區別不同類型的人——懂得量化和機率思維的人極少，能夠照此行事的更少。

你試幾次就知道了：先標注一個數值，有利於你去校對準心，逐步構建自己的「量化人生」。即使在毛估的過程中，你也會有所收穫。

＿

要點二，灰度認識。

在分析一件事物時，你要克服二元對立、非黑即白的心態。你並不是要馬上拿出一個選項，而是要盡可能全面地列出各種選項，甚至站在對手的角度思考。

撲克高手安妮‧杜克（Annie Duke）的建議是：首先，改變任何事

情都追求 100% 確定的心態。試想一下，這件事情我真的有 100% 的把握嗎？如果有 70% 的把握，那麼剩下 30% 的可能是什麼？這就像在撲克牌桌上，高手計算下一張牌的可能性一樣。

其次，要保持更加開放的心態。從不同管道獲取更多元的資訊，而不是向不同的人問詢，然後不斷強化自己已經確定的觀點。杜克說，嘗試著找那些你從來沒覺得需要向他們請教的人聊一聊，你也許會有意外的收穫。

要點三，期望值計算。

對德州撲克有深入研究的人工智慧專家余小魯說，德州撲克對玩家的一個大的考驗，就是要長期保持一種風險中性的態度。

擺在你面前的是兩種打法：

第一，你有 20% 的機會贏得五千個籌碼；

第二，你有 100% 的機會贏得八百個籌碼。

大腦中固有的風險偏好，讓你很難選擇第一種打法。

但在絕大多數金融市場和德州撲克的牌桌上，要當長期的成功玩家，必須學會自然地選擇第一種打法。因為根據期望值計算，第一種的回報大於第二種。

當然，這和籌碼總值也有關。假如根據期望值計算，你使用的方法是正確的，結果卻輸了，這就是所謂的「系統風險」。

作為投資人，怎麼在投資中面對這種風險？你應該坦然面對 —— 系統風險是無法避免的，因為盈虧同源。你要反思的，不是根據期望值

計算做出的這個選擇，而是你的計算系統是否精確，是否需要校驗。

━━

要點四，黑白決策。

AI 下圍棋的祕訣是，計算各種可能的招法在終局贏棋的機率，然後選擇機率最大的那一手。看起來似乎很簡單，其實並不容易。

一九六八年，霍華・馬克斯（《投資最重要的事》這本書的作者）剛到花旗銀行上班時，他們的口號是「膽小難成大事」。

我們知道，採取明智而審慎的投資方式，爭取勝多負少很重要。但堅持這樣的投資方法，絕非制勝之舉。它可能會幫你避免損失，但也可能導致你無法獲得收益。

對此，許多人心目中最偉大的冰球運動員韋恩・格雷茨基（Wayne Gretzky）說的一句話可能會為你帶來一些啟發：「如果你不出手，就會 100% 地錯過進球的機會。」

前面提到的撲克高手安妮・杜克曾擔任業餘選手比賽的評論員。有一次，她告訴現場觀眾：當前的局面，A 選手贏的機率是 76%，B 贏的概率是 24%。結果 B 贏了比賽，觀眾就說「你的預測錯了」。

杜克的回答是：不是預測錯了，我已經說過 B 選手贏的機率是 24%，也就是機率為 24% 的事件發生了。

做決策的時候要理性、堅定；執行完之後，還要迅速歸零，將執行和結果分開。

在我看來，不管現實多麼灰暗、自己手上的牌多麼差，都敢於做決定，並且堅定地選最好的那一手，是一種非常了不起的天賦。這就

像全盛時期的德國國家男子足球隊，即使落後了三球，還是可以陣腳不亂，堂堂正正地踢出每一腳球。

只要你還沒開始自暴自棄，仍然在思考、決策，即使被打趴下，也不算失敗。

要點五，形成系統。

道理我都懂，機率我也會算，為什麼我還是做不到？這正是人性艱難的地方。

我們每個人都被設計成「自動駕駛」的智慧生物，為此付出的代價是，很難克服人性的弱點。

例如，對一名牌手來說，遊戲目標不應該是贏取單局彩金，而應該是基於數學（機率論）和心理學，做出正確的決定。如此一來，在期望回報值為正的情形下，可以將每一局的平均利益最大化。長久下來，他贏錢的總額會比輸的錢多。

漫長人生和撲克生涯一樣，是由很多連續決策構成的。你不能在乎一城一池的得失，而要建立一個高機率能「贏錢」的科學決策系統。

普通人關注結果，高手關注系統。對於這個決策系統，你一方面要堅定地執行，另一方面還要不斷反思、優化，進行貝葉斯推斷[3]。

這兩點都是反人性的。

---

3 貝葉斯推斷（Bayesian Inference），是一套可以用來精準預測的方法，在資料不是很多、又想盡量發揮預測能力時特別有用，可以幫助你根據資料，整合相關資訊，並下更強的結論。

　　根據安妮‧杜克的說法，頂尖撲克牌高手和普通牌手之間的一個重要區別是：頂尖高手能夠始終保持穩定的決策能力，不會因為周圍環境的變化、自己的輸贏而影響決策。通過長期訓練，他們養成了深思熟慮解決問題的習慣。至於普通牌手，他們的心情很容易隨著周圍的環境發生變化，從而導致決策水準不穩定。極端的情況下，他們甚至會依靠條件反射來做決定。

　　好的系統幾乎都有如下特性：強健、高適應性、韌性。反過來，如果一個人熱衷於精確的預測，喜歡搭建自圓其說的結構，那麼他的決策系統可能非常淺薄，極其脆弱。

　　沒有簡單的模型通向偉大。

　　這是圖靈獎得主理察‧漢明（Richard Wesley Hamming）說的。他認為：在許多領域，通往卓越的道路不是精確計算時間的結果，而是模糊與含糊不清的。

　　也許「軟技能」的關鍵不是技能，而是柔軟。

　　我聰明而又可愛的朋友，在這封信的最後，我想告訴你的還是那句話：滿腹的才華只有配上冷靜的大腦才有價值。當然，「理性是激情的奴隸」，你不必為冷靜而熄滅火焰。

　　願你安好，讓這世界有機會見證你的滿腹才華。

我們要能夠接受模糊的精
確，並意識到這遠遠好過
精確的模糊。

嚴謹

第八封信
如何對付
自己的心魔

寧向東

寧向東

清華大學經濟管理學院教授、博士生導師。

代表作：
《公司治理理論》

主理得到 App 課程：
《寧向東的管理學課》

親愛的讀者朋友：

羅振宇老師給我出了個命題作文，讓我來講一講人際交往和工作中的軟技能。

坦率地說，這讓我很是為難，因為我自己真沒有什麼可資分享的軟技能。權衡再三，想了如下幾條，一來是給羅老師交差；二來也是為了和大家說說話。

第一條，學會看到他人。

這個道理，最早我是在運動場上體會到的。上大學那會兒，我踢球比較獨，不太願意傳球。記得二十一歲那年，上場時躊躇滿志，結果不到十分鐘，就被人家鏟了一腳。此後三個月，那隻腳疼得不能碰球。再後來，年齡大了，有點跑不動了，拿球後的第一反應就是看看隊友的位置，想著怎樣盡快把球傳出去。一方面，這是為了防止在自己腳下丟球，另一方面當然是為了防止不必要的傷害。

讓我始料不及的是，這麼做以後，別人說我「長球」了。好奇怪，拿球的時間少了，不像先前那麼爽了，別人反而說我水準提高了。這有點黑色幽默。

後來，我想明白了其中的道理：人在做事的時候，自己的戲份多了，

他人的戲份就會少；相反，自己的戲份少了，他人的戲份會多。而他人的戲份多，可能對整個團隊更有好處。這種轉化關係，自己不一定看得到。所謂「當局者迷」。

自己的感受和他人的感受不是一回事。**當你自我感覺變差時，說不定你在別人眼裡的重要性不僅沒有下降，反而提高了。這是辯證邏輯。所以，眼裡一定要有別人，在自己爽的時候，多想想別人爽不爽。**

我是在被動的情境中懂得這個道理的。只是因為對受傷心有餘悸，對獨自帶球力有不逮，所以，眼裡才有了別人，這看上去像是無奈之舉。而放眼看去，人生的很多進步都是在無奈中取得的。就像一位著名作家所說：能夠教育一個人的，不是道理，而是南牆。

第二條，學會隨遇而安。

因為天資平平，我並沒有把在運動場上體會到的東西及時應用到工作上和生活中，於是吃了不少虧，有時還會很鬱悶。鬱悶的時候，我會翻翻書，有一段時間對宋詞和元曲很感興趣。

古人講，「達則兼善天下，窮則獨善其身」。獨善其身，本質上就是安頓自己的內心。人這一輩子，最大的敵人就是自己。古人是先修身、齊家，然後才是治國、平天下。我們現在正相反：僅僅憑藉著會考試，就可以上大學，然後在外面折騰，等到把事情做到一定份兒上，才發現自己的內心還不夠強大，於是再回過頭去補內心的那一課。這雖然多少有點荒唐，卻是由現代社會的遊戲規則所決定的，只能順應。

我的建議是，**聰明人一定要學會雙線作戰。除了和外界各種勢力**

競爭之外，要意識到還有一個更大的、勢力與日俱增的敵人，那就是生長在自己內心深處的魔。

對付外面的敵人，可以找朋友幫忙，可以團隊作戰，可以依靠組織。但對付自己的心魔，沒有人可以幫忙，只能靠自己。

心力、心魔和事業，這三者之間的關係非常微妙。事業越大，心魔有可能越大，但心力卻不能無限放大。所以，要學會隨遇而安。

隨遇而安有兩個表徵：一是把節奏慢下來，二是把脾氣減下來。這裡的脾氣，不僅僅是對他人的脾氣，還有對自己的脾氣。現在有一種流行的說法叫「躺平」。雖然我不太喜歡這個表述，但覺得把節奏慢下來還是有必要的。過去的四十年，我們每一個人，都處於一種奔跑的狀態，現在應該適當地調整一下了——我們不能總是用百米衝刺的速度去跑馬拉松。人類文明史上，還沒有過類似的成功先例。

隨遇而安的另一個表徵是不要有太大的脾氣。以前有一位名人講過一句話，我非常喜歡，叫「要有本事，但不要有脾氣」。脾氣是心魔，最消耗心力。我這些年，自認為有了一點進步，就是越來越沒有脾氣。

第三條，學會專注，守住自己的基本盤。

人生其實就是一場加法和減法的遊戲。順境的時候，做加法；逆境的時候，做減法。年輕的時候，多做加法，所謂藝不壓身；而年紀大了，就要多做減法。做加減法的依據，是看清自己的資源稟賦，看清自己得以安身立命的本錢，找到自己的基本盤，然後守住它。

每個人都有自己的基本盤。從最開始的父母、家庭、企業或其他

組織，再到朋友和客戶，每一層面都有我們最應該珍視的部分，有我們無論如何都要堅守的部分。人犯的最大錯誤，就是丟掉自己的基本盤；種了別人的地，荒了自己的田。這在人處於順境，忘乎所以的時候，尤為常見。

當我們的所作所為偏離基本盤之後，會處於一種學術上稱為「核心消融」的狀態——我們會變得非常脆弱，甚至不堪一擊。所以，要時刻盯住自己的基本盤，看清自己所忙碌的方向是不是有助於鞏固和發展這個基本盤。

回首往事，我曾有過多次偏離基本盤的痛苦經歷，教訓深刻，印象深刻。例如，在事業上，我的興趣曾多次遊移，而這個遊移過程往往無意識，像極了夜裡的夢遊。我迷失在局中，根本不知道自己在幹什麼，有時甚至還會莫名其妙地感到愉悅。直到有一天，猛地清醒之後才意識到，人生苦短，要把有限的時間放在一兩個值得專注的方面。這時當然會心有不甘，但這就是人生的質變，是必須要做出的選擇。

我們滿眼森林，但只能得到樹木——這是天命。就好比我們進入一個大型博物館，不能奢求把所有展品都仔細看過，必須要有所取捨。什麼是取捨？取捨就是選擇，而選擇的本質，實際上是放棄。

羅老師的命題作文之所以難寫，在於他要求我寫「軟技能」。而我苦思冥想，覺得技能屬於能力範疇，往往難於總結，不可言傳。我在信裡和你分享的，與其說是軟技能，不如說是我個人的生命體驗。希望上述三條感想，能給你帶來一點啟發。

人犯的最大錯誤，
就是丟掉自己的基本盤；
種了別人的地，
荒了自己的田。
這在人處於順境，志平所
以的時候，尤為常見。

于晴

第九封信

萬般皆可
「說明書」

李笑來

李笑來

天使投資人，連續創業者，原新東方名師。

代表作：

《把時間當作朋友》[1]

《財富自由之路》[2]

《自學是門手藝》

《讓時間陪你慢慢變富》

主理得到 App 課程：

《李笑來‧通往財富自由之路》

《李笑來談 AI 時代的家庭教育》

---

1 繁體版《把時間當作朋友【暢銷紀念版】》，2023 年，漫遊者文化出版。

2 繁體版《通往財富自由之路（暢銷新裝版）》，2024 年，漫遊者文化出版。

各位讀者朋友：

見信安好。

我知道潛水訓練的課程中有一道考題：拿到潛水表之後要做的第一件事是什麼？

我聽潛水教練說，大家的回答可謂花樣百出。其實有一個簡單且正確的答案，很多人就是沒想到。

你先想想，我繼續往下講。

━━

這封信主要是想和你聊聊軟技能。總結各方並不完全一致的定義，軟技能包括一個人的情商、個性、社交禮儀、溝通、語言、個人習慣，還有解決問題的能力、領導能力、時間管理能力等一切「非技術技能」（non-technical skills）。

在我看來，「軟技能」和與之相對的「硬技能」之間最根本的差別在於是否可以通過考試衡量。

顯而易見，硬技能是可以用考試衡量的，它可以分級，也會發證。可軟技能呢？無論哪一個都一樣，根本沒法用統一的考試去衡量。

但在現代教育體系下，在至少十年的時間裡，我們的所學所練所思所想，全都是關於硬技能的，也就是能通過考試衡量的那一部分「學

習」。人的時間、精力有限，還都是排他性資源，用在這裡就不能用在那裡……於是，等有一天，軟技能成為必需品的時候（也就是踏入社會的那一瞬間），大多數人都會變得不知所措。

再回到文章開頭那個潛水訓練的問題：拿到潛水表之後要做的第一件事是什麼？

正確答案很簡單：認真閱讀說明書！

現在，你並不需要向我回答這個問題；我需要你做的是，真實地向自己回答這個問題：「請問，拿到任何新設備的時候，你有認真閱讀說明書的習慣嗎？」然後，你再仔細觀察一下身邊的人，看看他們有沒有認真閱讀說明書的習慣。

你會因此驚訝的——絕大多數人終生都沒有這個習慣！也難怪，反正從感覺上來看，這一輩子好像誰都不可能遇到「產品說明書閱讀理解考試」，對吧？

說明書無處不在，它不僅僅是以最常見的小冊子形式存在的。例如，路標，本質上不就是行程說明書嗎？

但不要以為每個人都讀得懂路標，更不要以為每個人都重視路標。只要上街走兩步你就知道了——在現代城市裡，路標那麼明顯、那麼清楚，甚至故意多處重複，可有太多人依然會走錯路、違反交通規則，甚至造成嚴重的社會經濟損失。

剛剛說的是路標。複雜一點的行程說明書是地圖（也包括更現代化的電子導航）。你再看看有多少人其實並不習慣，甚至壓根兒看不懂「左西右東」的標準地圖模式。他們用導航的時候必須使用「車頭向上」的傻瓜模式，否則就會分不清東南西北……這就是不重視說明書，也不

想因為說明書而改變自己的最經典的生活案例之一。

這還是「產品說明書」，只要上手能用，不看也就罷了；但你知道嗎？絕大多數人連藥品說明書都不看——他們默認「反正自己看了也不懂」。

不光藥品說明書不看，有調查研究表明，如果醫囑以文字形式展現出來，那麼拒絕閱讀的人的占比會幾乎高達三分之一——可問題在於，如果醫囑略微複雜一些，超過三條，就只能以文字形式展現……於是，醫囑在現實生活中被徹底貫徹執行的機率比醫生們想像的低很多很多。這可是赤裸裸地以生命為代價啊！可那又怎樣呢？反正就是不看。

是否重視說明書造成的巨大，甚至可能無法逾越的差異，在一種特定的產品上體現得淋漓盡致——電腦，或稱為電腦。

現在很少有人自己動手組裝電腦了，基本上都是直接買一個整機回來，插上電源，按一下開關，作業系統就啟動了。主機殼上一共就那麼兩個按鈕，若干個孔，讓人感覺實在是沒什麼讀說明書的必要——反正等硬體真的壞了，自己也是沒辦法修的……

實際上，電腦裡的每一個軟體都有詳細的幫助文件（Help）。而一個軟體的幫助文件，其實就是它的說明書。它們結構清晰、說明清楚，又因為是電子版，所以可以全文檢索搜尋、隨時備用。但即便是做到這個份兒上的幫助文件，絕大多數人也從來不看、堅決不看。與此同時，書店裡無數關於電腦軟體的介紹圖書、教程，大多數只不過是對幫助文件的改寫、重寫而已，卻賣得熱火朝天——請問，這些錢究竟是

在支付什麼成本？

看沒看幫助文件還會帶來一個結果：出廠時一模一樣的電腦，到了每個人手中，經過一段時間之後，就變成了各不相同的東西……有的乾乾淨淨，有的亂七八糟；有的效率極高，有的毛病不斷；有的成為各顯神通的利器，有的絕大部分功能閒置，於是價值聊勝於無……可當初明明是花了同樣的價錢買回來的同樣的東西啊！

二十多年前，我還在新東方教托福和 GRE 寫作的時候，別人上課用 PPT，我卻把 Word 當作「板書工具」。課後經常有學生慨歎，「Word 竟然可以這樣用！」「從來沒見別人這麼用過呢！」若干年後，我用 OBS 做串流直播時，其實還是用差不多的方法，把 Word 當作「板書工具」，只不過作業系統換成了 macOS 而已，但依然會聽到相同的慨歎……

我和其他人的區別是什麼？我有認真閱讀說明書的習慣啊！我是如何使用 Word 作為板書工具的？[3]文章連結請看下方備註，你可以去看看。當然，如果有空的話，你還可以去由大量類似文章構成的「倉庫」[4]翻一翻。裡面的文章，如果你認真閱讀，並且最終能夠熟練照章操作，那麼，同樣價錢買來的電腦，在你手裡就是比在別人手裡更好用、更強大、更有效率。

這些文章是什麼？本質上來看，只不過是另一個版本的軟體幫助文件，也就是軟體說明書。寫這些文章的李笑來是幹什麼的？很多人說

---

3 如何把 Word 當作白板教學工具，詳見：https://github.com/xiaolai/apple-computer-literacy/blob/main/ms-word-as-whiteboard.md。

4 個人電腦使用說明，詳見：https://github.com/xiaolai/apple-computer-literacy。

李笑來是著名作家、暢銷書作者。我自己也大言不慚，經常凡爾賽[5]：「你們都錯了，其實李笑來不僅是暢銷書作者，更是長銷書作者……」可實際上，我內心很謙虛，因為我知道，李笑來只不過是個寫說明書的而已——當然，寫得的確好，這也是事實。

可偏偏也奇怪了，寫說明書竟然可以賺錢，並且可以賺很多錢……更奇怪的是，原本說明書這種東西是免費的啊！只是因為大家不看，並且是 99% 以上的人都不看，所以免費的說明書內容經過整理之後竟然可以賣出很高的價錢。至於為什麼長銷，很明顯啊，一代又一代的人都一樣，反正都不愛看說明書，就是不看，堅決不看！

現在的人已經無法想像沒有互聯網的世界是什麼樣子的了——我生於一九七二年，到二十五歲那一年才接觸到速度極慢的互聯網，到三十歲左右才開始有谷歌可以使用（谷歌公司創立於一九九八年），再過兩年才知道有個叫維基百科的東西（維基百科於二〇〇一年上線）。突然之間，我發現自己生活在一個說明書無處不在、無所不包的時代。對我而言，那時候最大的運氣在於英文閱讀沒有障礙。於是，可供檢索和參考的「說明書」數量極多。

在我眼裡，所謂的學習，其實就是「認真閱讀說明書」而已；而所謂的學習難度，最終只不過是說明書內容的差異程度而已，再了不起就是內容結構複雜程度有一定的差異。

---

5 中國近年流行網路語言，通常指透過自嘲文字炫耀個人。

當然，如果是學習一門外語，難度確實比前面我們說的熟悉電腦軟體高那麼一點點。但你再想想：外語的說明書是什麼？無非是一本詞典再加一本語法書。瞭解說明書（辭典和語法書）的結構，不就是一小會兒的事嗎？也沒有人要求你把說明書背下來是不是？通常就是遇到問題去查看說明書，慢慢查，經常查。

人與人之間的差異在哪兒？很明顯，再說一次，大多數人都不愛看說明書，就是不看，堅決不看！

在我上學的年代，心理學這個領域經過長期的蓬勃發展，終於開始開花結果。而當一個學科在蓬勃發展的時候，普通民眾都是被蒙在鼓裡的；所以要等我離開學校很久以後，心理學圖書才開始在市面上湧現。我立刻就愛上了這類書，因為在我眼裡，**一切心理學圖書，甚至這個領域裡的每一篇學術論文，都是大腦的說明書**。這麼重要的器官，為什麼在此之前就沒人想過給它寫說明書呢？這麼豐富、這麼詳盡！太重要了！太好了！必須認真閱讀！必須認真研究！必須及時演練！

終於有一天，我也有了子女，我要開始查看「小孩大腦說明書」──買回來跟別人配置相同的電腦，我可以用得比別人更好；憑什麼人腦就「用」不好呢？更何況我還是個如此習慣於認真閱讀說明書的人！

「說明書」裡寫得很清楚，人類與其他哺乳動物最不一樣的地方在於，最終人類的腦化指數，也就是大腦品質和體重的比值更高。人類小孩在出生的時候，大腦發育尚未完整；要到三十六個月左右的時候，

他們大腦各方面的結構才算真正發育完整。

當你跟一個人類小孩說「不要碰！」的時候，雖然每個音他都聽得到，但等你說完，他可能只記住了最後一個音／字，那麼他的回饋肯定就是「碰碰碰！」——這是人類小孩最初說話總是說疊詞的根本原因。

成年人不要奇怪為什麼人類小孩一定要做你不讓他做的一切事情，因為無論你說什麼，他通常都只記得最後一個音／字。**你想讓他多做什麼就直接說、多說、反覆說。反過來，你不想讓他做什麼，就別說；如果非得警告他，那麼就說一個字，「不！」——必須是一個音節的「不！」**

你看，因為我認真閱讀了「說明書」，所以我知道應該如何調整自己的說話方式——換言之，相對於那些從不閱讀「說明書」的父母，我更擅長「使用」自家小孩的大腦……

—

一個人的自學能力很重要，這一點毋庸置疑。自學能力很神秘嗎？並不是啊！自學能力其實就是閱讀說明書的能力，真的僅此而已。

二〇一九年，一位僅有高中學歷的父親徐偉喜生二胎，是個兒子。不幸的是，這個男孩天生基因缺陷，患有一種叫作 Menkes 氏症候群的罕見遺傳疾病。患有這種病的孩子，大部分生命都會停止在三歲以前。你完全可以想像這些患者的家長會有多麼絕望。

徐偉不一樣。他竟然在家裡改造了一間二十五平方米的封閉實驗室，開始自學生物化學基礎和基因編輯，最終成功自制出了具備藥用價值的化合物，透過「組織胺酸銅」和「伊利司莫銅」讓兒子徐灝洋的生

命得以維持，甚至成功培養了幹細胞──這其中的重重困難和艱難險阻沒必要在這裡複述一遍。

徐偉不是科學家，他只有高中文化水準，連英文都看不懂。但他肯用谷歌翻譯不斷查看各種學術論文……他在幹什麼？真的很樸素，只不過是「認真閱讀說明書」──讀不懂也要讀，讀多了就懂了；然後就開始照著做，做不好沒關係，做多了就做好了……為什麼他肯那麼認真？因為人命關天，何況親子之命。

關於徐偉的報導，我讀了很多遍，屢屢淚如雨下。敬佩之餘，我透過多方打聽聯繫上了他。

二〇二二年八月二十三日，徐偉終於為徐灝洋完成了基因治療，並且看到了改善──基因治療的研究和實施過程中所使用的設備的一部分，是我用我的部分稿費資助的。聽到孩子狀況有所改善的消息，我心中五味雜陳。這樣的父親，絕對不是能夠通過考試篩選出來的，對吧？

最後我想說，現代人迫切需要的一切軟技能，其實都是有「說明書」的；不僅有，還很豐富。反正，李笑來自己就寫了很多說明書。

《把時間當作朋友》，其實就是時間管理的說明書──聽說時間管理是很重要的軟技能之一；《通往財富自由之路》，其實是自我認知的說明書；《自學是門手藝》是自學能力的說明書；《讓時間陪你慢慢變富》是投資的說明書……而就在剛剛，李笑來提供了一份「說明書的說明書」──希望能對你有啟發、有幫助。

學習，其實就是
「認真閱讀說明書」；
而所謂的學習難度，
最終只不過是說明書內容的
差異程度而已

李雪東

第十封信
像作家一樣觀察

賈行家

賈行家

作家，得到專職作者，專注於中國文化和文學研究。

代表作：
《世界上所有的沙子》
《塵土》
《潦草》

主理得到 App 課程：
《賈行家．文化參考》
《賈行家說儒林外史》
《賈行家說 < 聊齋 >》
《賈行家說千古文章》
《賈行家說老舍》
《賈行家說武俠》

讀者朋友惠鑒：

　　你感興趣的軟技能，最該問問以寫小說、寫散文為志業的作家，這是他們一輩子都在琢磨的本領。說起來，人人都可以讀書、寫字，對作家來說，除了軟技能，還有什麼別的本事嗎？

　　文科生在填報大學志願前得知道一個常識，中文系的目標不是培養作家，而是訓練專業的語文工作者，課程所教授的是應用於語言學、教育和出版行業的系統知識，和文學創作不見得有必然聯繫。

　　很多人認為文學創作是不能教的，因此，即便中外大學普遍開設了名家主持的文學創作課，認為它沒用的作家還是和認為有用的一樣多。對一定水準之上的創作者來說，能尋求到的前輩經驗，不再是亦步亦趨的技術指引，最多是大體評估：「這麼寫對不對？這件事做成了嗎？」至於靈感要從哪兒來，該怎麼把不對的地方修改對，沒人能告訴他──AI 繪畫技術很殘酷地揭示了一個道理：凡是能進行清晰量化描述的，就不再是藝術創作，就可以被演算法替代。

　　我們習慣的說法是：當作家的本事是老天給的，所以才叫天賦。那些不知道從哪裡迸發出來的激情、能量和才華，都是模糊的、不可言說的。然而我們還是要問，真的如此嗎？所謂天賦到底是什麼？

　　軟技能是根適合戳破問題的棍子，我們就用看一種「技能」的方式，拆解一下這個被視為純粹感性的秘密，以及它能遷移到什麼場景裡

去。例如，作家、藝術家一般都具有一種軟技能——觀察能力。

某種意義上，文學藝術創作無非是把觀察的結果呈現到創作意圖上。

先來說觀察能力在藝術裡是種什麼樣的軟技能，用故事來講。

二〇一五年，北野武主演了一部傳記電影《紅鰭魚》（赤めだか），評價極高。這部電影的傳主是日本落語名家立川談志、立川談春師徒。落語是日本傳統的單人說唱喜劇藝術，據說從淨土宗和尚的講經和民間故事、笑話發展而來，可以像相撲一樣，辦成觀眾身著正裝坐在歌劇院裡欣賞的隆重演出，你也可以把它理解成「日本單口相聲」。

這部電影由立川談春本人編劇，他說自己的師父立川談志收徒弟很隨便，像搞笑一樣，初期不大教專業技能，對徒弟們說「你們的任務就是哄為師開心」，吩咐他們整天做家務、處理雜事，出門前會一下分派三十件事，還不許用筆記錄，事後還要一件不落地檢查；談春在一件小事上拒絕了他，就被打發到築地海鮮市場打了一年工。談春也是個倔強的人，面對如此無厘頭的教學也沒放棄，真的整整賣了一年魚又回來學藝。

回來後，他給師父打雜的水準變得不一樣了。師父穿演出用的和服出門，別的徒弟準備的只有配套的草履，他多準備了一雙運動鞋，因為從家到會場要步行一段路，草履可以到地方再換。師父白天燙傷了手指，他晚上放的洗澡水的溫度就調得比往常低幾度。師兄弟們說，談春變得對周圍的人很細心、很溫柔。電影觀眾不難看出，談志到底讓徒弟

去海鮮市場學什麼？學的是對環境和人的觀察和反應。

他說的「當學徒先要哄師父開心」並不是 PUA（心理控制）。落語是喜劇表演，演員要隨時觀察現場，根據觀眾的狀態、情緒調整表演節奏，也就是常說的要有控場能力。要是你連師父一個人的需求和狀態都掌握不住，還怎麼應付幾百名觀眾呢？談志讓徒弟們一天做三十件事，也是為了測試他們的記憶力和一心二用能力——在舞臺上觀察觀眾時不能死盯住觀眾席看，否則會忘詞。

專門讓談春去海鮮市場打工一年鍛煉這些能力，其實是談志在因材施教。談春是在高二那年看了談志的表演，頭腦一熱輟學來學藝的，容易熱的頭腦也容易涼。而且他沒有理解社會，也就很難理解表演，需要為他尋找一個觀察和適應社會的地方。可以說，這也是談志觀察之後的決定。

在海鮮市場，談春每天要端著一大摞箱子來往穿行，如果不留意附近的環境，就會被人撞倒。該怎麼透過叫賣和肢體語言把顧客吸引到自己的攤位來，也是和表演相通的修行。他剛去的時候，笨手笨腳，本事不大，脾氣又不小，天天遭攤主母女白眼。可是到了一年期滿，談春出落成了遊刃有餘的賣魚專家，攤主的女兒還想招他當女婿。

觀察，如果觀察得不夠，就進入這種生活內部去浸泡和體驗，去身在其中地觀察，這是表演者都明白的法門。你說，一名影視演員的核心能力是什麼？他確實要學臺詞、學形體，但是真正打動觀眾的，是沒法用「硬功夫」概括的觀察和呈現。就說這部電影的主演北野武，在二十多年前的一場車禍之後，他的大半邊臉都沒法動了，但他仍然是個富有表現力的傑出演員。

如果能用演員控制整個觀眾席的觀察力去處理和人的交往，你可能就會像有「讀心術」一樣神奇。當你說出一個人憋在心裡的那句話，他可能會把你視為平生知己。當然，你的選擇不一定是迎合，更不一定是利用，但你絕對需要感覺到周邊的人正在想什麼，正在做什麼。哪怕你做的是很少和人打交道的工作，例如尋找一種新的化學元素，最好也得知道項目投資人現在是什麼想法，因為那決定著下一筆經費會不會撥付。

再和你分享一段這部電影裡師父教訓徒弟的臺詞，我行我素的北野武在現實裡也說過類似的話：「把責任推卸給時代，推卸給世界，你的處境不會有任何改變。現實就是現實，你要觀察和理解現狀，好好分析，現實中一定蘊含了人走到今天這一步的原因，你能發現其中的現象和道理，再採取行動就可以了。連現實都不能判斷的人，就是笨蛋。」

那麼，作家是怎樣觀察世界、處理經驗的？我直接來說最厲害的一個例子。中國最偉大的小說當然是《紅樓夢》。《紅樓夢》為什麼偉大？我不知道有沒有通行的標準答案，我只能說：它是如此不可思議，又是如此天經地義。

說它不可思議，是因為曹雪芹既原創出了一種全新的長篇小說形態，又造就了一個後世沒法越過的高峰。喜歡寫短篇的作家說，每一個短篇都要重新建立一個結構，相當於寫一個長篇；但是寫長篇的作家說，「長篇是一種胸中的大氣象，一種藝術的大營造。那些營造精緻園林的建築師大概營造不來故宮和金字塔」，說這話的人是莫言。

　　說它天經地義，是因為書中有超越性的、像鏡像結構一樣的想像部分，可到了寫實的時候就是完全寫實，是深入每一個人物內在的真實，三五筆之間就建立起一個細膩的、活生生的、可以進入文學史的人物，讓我們相信世界就是如此，一定是如此，只是不經由小說家之手我們看不到這個本相。這是觀察的至高境界。

　　這種寫實的功力比徹底放飛幻想更難，也就是我們常說的「畫鬼魅容易，畫犬馬難」。從曹雪芹到托爾斯泰，那些經典小說家的駕馭力和觀察力恐怕是在現代小說家之上的，他們不使用抄近路的技巧，而是張開吞天大口，無論多浩瀚的物件都直接端到紙面上來。

　　作家的觀察達到極致之後的表現就是這樣的，他可以呈現一個纖毫畢現的世界。如果我們要為這種能量找一個蓄積的起點，為那些龐然巨作找到一顆生髮的種子，就是觀察。很多人以為作家的特殊本領在於文字才能，其實一切始於觀察。曹雪芹的觀察力是一個謎。

　　不同的歷史考證顯示，在曹家被抄沒時，曹雪芹至多不過十四虛歲，即便記憶力極強，他那時也未必走遍了曹府的各個角落，不一定有能力瞭解每個人。後來，他落魄地住在北京西郊，沒有什麼「貴族家庭生活指南」和那個時代的《唐頓莊園》可供參考，他到底是怎麼既能把握賈政、賈璉這種很不一樣的賈府上層男性的生活狀態，又能體驗襲人、晴雯這種很不一樣的丫鬟的內心的？

　　既然我們說的是作為軟技能的對人和生活的觀察及把握能力，那它就不像學科裡的檢視、診視那樣，有硬性的關於「先看什麼，後看什麼」的規範。下面說的是觀察的一些基本要素。

先來說第一個要素。既然是以他人為觀察物件，觀察者就得把自己的利益、目標和道德判斷先收起來。

小說家會刻意為自己確立局外人、邊緣人的位置，這有利於做出客觀的觀察敘述。村上春樹說：「對於筆下的人物，我並不事先想好此人到底是個什麼樣的人，我只是儘量設身處地地去體會他們的感受，思考他們將何去何從。我從這個人身上收集一些特徵，再從那個人身上獲得一些特點。我筆下的角色要比真實生活中的人感覺更加真實。在我寫作的六、七個月當中，那些人物就活在我的身體裡，那裡自有一片天地。」這說的就是先放下自己，放下所謂立場和第一印象，去樸素、直面地觀察。很多人說自己能一眼斷定他人的善惡賢愚，我沒有這種能力，也不相信存在這種能力；我和自己相處這麼久，都沒有看穿自己，更不要說看穿他人了。

曹雪芹當然有分明的好惡、愛恨和審美傾向，可是他寫賈璉，就要貼住賈璉荒淫的生活趣味；寫純粹而驕傲的晴雯，就要呈現晴雯的刁蠻、促狹急躁和「認不清形勢」。能把觀察和理解的尺度投放到多遠，容納多大的差異性，決定了一個作家的境界。我們說一個作家悲憫，其實他未必做了什麼具體的好事，甚至在生活裡可能是個糟糕的人，但是他那種包容力的高視角，近乎悲憫。

具體到軟技能，從中可以遷移的是什麼呢？很簡單，是通過認清個體而理解全域的視野。至少，我們要知道「眼裡有別人」，要接受他人和自己存在於這個世界的資格是同樣的，既不更高，也不更低。一個總是憤怒於他人針對自己的人，不妨換個角度觀察：你是從什麼時候開

始常常針對他人的？

　　■

　　觀察的第二個要素是考慮因果。

　　這個過程有點像編一個故事。一個編劇在設計人物時會不斷問問題：正式登場前，這個人物有什麼樣的經歷和故事，他想要什麼？以他的性格和能力水準，會為這個目標做些什麼？他在外部環境裡遭遇了哪些事？這是對手有意識的行動造成的，還是因為說不清的命運？面對阻礙，他會堅持還是妥協？這又帶來了什麼結果？……

　　這種編劇方法，其實就是對人物形成設定後，在頭腦裡建立沙盤，模仿前面講北野武時說的那個「蘊含了人走到今天這一步的原因」的現實，即以自己的知覺建立因果關係。大作家的寫作中經常出現這種情況：一個人物建立起來，彷彿逐漸脫離原先的情節，開始自主活動，製造出連作者本人也始料未及的變化。這不是失控，而是最美妙的靈感狀態，是感性的觀察體驗走到了理性之前。

　　小說大師福克納說，「作家需要三個條件：經驗、觀察、想像。有了其中兩項，有時只要有了其中一項，就可以彌補另外一兩項的不足」。而我認為觀察是其中的中樞，少了觀察，經驗發揮不出來，想像也缺少材料。曹雪芹筆下的真實感，當然不全是他的經歷，他是把自己的回憶和觀察灌注到了想像的那個部分。

　　具體到軟技能應用，例如談合作。除了想清楚自己的底線、對方的底線，還可以像編劇一樣，設計一段從起點到達成協議的多分支情節：你說出這段話，對方會有幾種反應？針對每種反應，應該如何作

答？這個「劇情」的依據是過去的觀察，到了臨場發揮的時候，你還要像演員一樣，觀察對方表現出了你預想中的哪種反應。

這時依據的又是什麼呢？我認為是觀察的第三個要素：細節。

小說的藝術體現在細節之中。普通人觀察常常只收集對自己有用的資訊，而小說家是一些無用資訊的收集者──他不見得清楚那些細枝末節對自己有什麼用，但是會出於好奇或者某種奇怪的趣味，把它們死死記在心裡，成為表達時的勝負手。

還說曹雪芹。劉心武老師對《紅樓夢》的探佚，我不敢苟同，但他是位好小說家，注意到了曹雪芹筆下的細節：寶釵、黛玉和湘雲，到了春天，兩腮是要犯杏斑癬的，要互相借薔薇硝來抹。留意到這一點不完美的細節，紅樓女兒的青春姿態才是完整的，這就是完美的文學細節，藝術的完美並不是表象上的完美。我們都希望在觀察中建立一種秩序、一種意義，但也不能放過那些沒法歸類和接受的、會嚇你一跳的細節。這個世界不只是為我們人準備的，我們的內心深處藏著數不清的幽暗，那些驚人的細節裡藏著巨大的真相和徵兆。

畢飛宇老師在他的小說課堂上反覆稱頌王熙鳳探望秦可卿病情的一處閒筆。整個賈府都認為她倆是情投意合的閨蜜，王熙鳳也滿臉戚容、似乎努力抑制著內心沉痛地慰問了秦可卿。可是她剛走到花園，就開始「一步步行來讚賞」起來。畢飛宇分析，王熙鳳有不同的側面，在人前好像心裡裝著別人，無微不至；只要一離開現場，心裡就只有自己了。曹雪芹驚人的洞察和筆力之浩瀚，就達到了這樣的地步。

低水準的觀察是察言觀色，高水準的觀察是把握生命狀態，那可能是一種之前無人知曉的狀態。好的通俗小說往往是比純文學作品更「完滿」的、更處處和諧的，善惡報應都安排得清清楚楚，收拾得乾乾淨淨，然而那種完整也是一種侷限。富於文學性的好小說會提供反邏輯的、令作者和讀者都不安的細節，動搖我們對世界的理解。

我們在日常生活中是不是也如此？你會觀察到一些無法解釋的，乃至顛覆你世界觀的細節，是承認它還是忘掉它，相當於《駭客任務》裡的尼歐選擇吃藍藥丸還是紅藥丸。我相信你是那個選擇勇敢直面的人。

這種作為軟技能的觀察，教我們的是「見自己，見眾生，見天地」，我認為這也就是商業人士常常掛在嘴邊的「格局」——那應該不是對商業模式的想像力，而是對整個世界的理解力。那些驚人的細節，有時會經由苦惱的思考打開這個格局。

▬

最後來講一個有關觀察「格局」的故事。

劉震雲老師是位總是溢出文學評論的小說家。例如他年輕時寫《一地雞毛》，情感是零度狀態，敘事是「流水帳」，完全不符合寫小說要起承轉合的規則，可那部中篇是今天的經典，貢獻了「一地雞毛」這個形容平庸瑣碎生活的成語。他幾十年後的解釋是，寫小說就是從生活裡拿出一些細節，有人認為八國首腦會議重要，小說中的主人公小林就覺得他家的豆腐餿了才重要。這種觀察相當於商業世界裡常說的「用戶洞察」，你不要說用戶該關心什麼，你要說用戶關心的到底是什麼。

同樣，劉震雲寫河南歷史上的災難、饑荒時，用的是一種幽默的筆調，這也是很多評論者無法理解的 —— 怎麼能這麼寫呢？這種事還能開玩笑嗎？

這也是對歷史和民族的深刻觀察。他說，我們那兒的人就是如此。因為歷史上這類嚴峻的天災人禍發生得太多，持續得太久，如果大家只用嚴峻的態度應對接連不斷的嚴肅事實和歷史，就像拿一個雞蛋去撞一塊鐵。「當他們用幽默的態度對待嚴峻的事實，可能幽默就變成了大海，嚴峻就變成了一塊冰，冰冷的現實掉到幽默的大海裡，它就融化了。這是河南人幽默的來源。而不是他們非要油嘴滑舌，也不是非要虛頭巴腦，也不是非要說俏皮話，這些幽默的態度是有來路的。」

這就是觀察的深度和廣度，以及它所能實現的理解力和表現力。如果劉震雲只做一般的觀察，只寫起承轉合和常見的抒情，他就不會是大作家。至於從觀察到行動的軟技能，我們再一起聽聽其他老師怎麼說。

先陳鄙見，伏惟幸察。

現實就是現實，
你要觀察和理解現狀，
好好分析，
現實中一定蘊含了人走到今
天這一步的原因，你能發現
其中的現象和道理，再採
取行動就可以了。

賈行家

第十一封信

有對象感，
才能寫出對話感

劉潤

劉潤

著名商業顧問，潤米諮詢董事長，微軟前戰略合作總監，海
爾、百度、恒基、中遠等企業的戰略顧問。

代表作：

《底層邏輯 2：理解商業世界的本質》[1]

《底層邏輯：看清這個世界的底牌》[2]

《每個人的商學院》（全 8 冊）[3]

主理得到 App 課程：

《5 分鐘商學院‧基礎》

《5 分鐘商學院‧實戰》

《劉潤‧商業洞察力 30 講》

《劉潤‧商業通識 30 講》

---

1 繁體版《底層邏輯 2：帶你升級思考，挖掘數字裡蘊含的商業寶藏》，2023 年，
  時報出版。
2 繁體版《底層邏輯：看清這個世界的底牌》，2022 年，時報出版。
3 繁體版《每個人的商學院》（全八冊），2020 年，寶鼎出版。

親愛的讀者：

你好，我是劉潤。此次寫信給你，是想和你聊聊職場寫作這項軟技能。

「寫點東西」這件事也許已經困擾你很長時間了。工作彙報、年末總結、創意文案、個人簡歷，甚至連給客戶發個微信都涉及「寫」這個動作。可我經常看到這樣的情況：一些同學覺得自己寫得大氣磅礴，忍不住要給自己點讚；看的人卻表示不知所云，「你到底想說什麼？」

怎樣才能寫出一篇好文章？關於這項人人需要的軟技能，有沒有什麼好方法？

「寫」這個動作，我幾乎天天都在做。有時候是輸出萬字長文，有時候是寥寥幾筆，作為一點分享。雖然寫得不怎麼樣，但也堅持了二十九年。我覺得寫作是一件非常有價值的事，不一定非得是寫專欄、公眾號，還可能是寫一份工作彙報、練就一項基本功。在今天，如果你也想收穫更大的影響力，不妨試著提升一下寫作能力。

老話說，文無第一，武無第二。我斗膽把我這幾年來的一些小心法分享給你，懇請收下。

我經常和我們公司的編輯同事說，寫給讀者看的文章一定要有同理心；只有表達欲的人是寫不出好文章的。

你可能會有一點點驚訝：寫文章，不就是為了表達嗎？

是的，寫文章確實是為了表達。但「表達」和「表達欲」是不一樣的。表達欲，是一種難以自持的，想把腦海裡的東西傾瀉出來的欲望。為了滿足表達欲而寫作的人心裡裝的是自己——「我覺得如何」「我認為怎樣」「我知道什麼」……

如果這篇文章只是寫給自己看的，只是想要孤芳自賞，那自然是怎麼寫都行。可如果這篇文章是寫給讀者看的呢？

我個人的看法是，**真的要寫好一篇文章，心裡裝的不能是「我」，而應該是「你」。**

不同的讀者看文章時的狀態是不一樣的。我常常會偷偷地琢磨，此時此刻，看這篇文章的你正處於一種什麼樣的狀態。

你可能正在下班高峰期的人潮之中，拖著疲憊不堪卻又不肯服輸的身軀，希望用碎片化的時間在這本書裡學習一點自己感興趣的知識。你可能正在用午餐，右手拿著筷子，左手刷著手機上的電子書，嘴裡嚼著美食，心裡裝著未完成的工作。你可能正在沙發上「葛優躺[4]」，翻動著這個叫劉潤的人寫的文章；視頻節目同時輸出著背景音，雖然你一句臺詞都聽不進去。你可能正在深夜的臥室，不斷告訴自己，再看一會兒，就一會兒，馬上就睡了。

對寫作者來說，最重要的是讓文字照顧好處於不同狀態的讀者，用同理心帶給讀者好的閱讀體驗。

那什麼是好的閱讀體驗呢？說起來並不難。好的閱讀體驗，就是能夠順暢地讀完，沒有卡頓，沒有暫停，就像遊客在導遊的帶領下觀賞

4　網路流行用語。發源自演員葛優的電視影集劇照，後被引申為比喻自己頹廢的狀態。

美麗的風景，只要跟隨著就足夠了。

但做起來並不容易。例如，讀者點進一篇公眾號文章，也許只是被它的標題或者頭圖吸引：「哦！這條新聞啊，我也在關注這件事。」、「咦？今天的文章在聊餐飲行業，我正好是做這行的。」、「啊，養生啊，身體是革命的本錢，確實得看看。」

但是刷著刷著，他可能就卡住了：「怎麼就變成這樣了呢？」、「你這說得不對吧？」如果你的文章能讓讀者想到這樣的問題，那真的是很了不起。再厲害一點，就是幫他把問題「說」出來：「具體怎麼做呢？」

設問，回答。再問，再答⋯⋯試著做讀者肚子裡的蛔蟲，把他想說的話都寫出來。幫他消滅卡頓，讓他覺得暢快淋漓，過癮，真過癮！

這就是同理心的價值。有了同理心作為基本功，很多寫作心法也就水到渠成了。

除了同理心，我們辦公室裡還有一句「名梗」：同學們，你們寫文章的時候要把這篇文章當作寫給馬雲看的。這個梗的意思是，寫作要樹立對象感，好像對方就坐在你對面一樣。

如果馬雲就坐在你對面，他的商業知識很豐富，那這句話你還會不會這麼寫呢？

「哎呀，不行不行，不能『差不多就行了』，我得重新組織一下語言。這個地方不能寫得雲裡霧裡的，那個地方不能寫得不明不白的，否則馬雲會笑話我的，我好歹⋯⋯」

有了這種對象感，文章才有對話感。

有一些熱心的同學非常抬舉我，說看我寫的一些文章，像是我坐在他對面說給他聽一樣。為什麼會有這種感覺？因為文章裡有一個字——「你」。「你有沒有遇到過這樣的問題？」、「我想請問一下你……」、「你和你的下屬李雷……」

不妨試著想像一下：此時，如果那位你想影響的人就坐在你對面，你是不是也會很自然地說出「你」這個字？

除了常用「你」之外，我還會非常克制使用一個詞——「大家」。

「大家」這個詞和「你」恰恰相反，是沒有對象感的，它指代不了任何一個特定的人。假如此刻我就坐在你對面，我對你說：「大家怎麼看？」你大概會覺得，這個人是不是腦子壞了……

為了不讓你懷疑我的智商，我還會想方設法地用口語化的寫作方式來搭建這種對象感。例如，「好了，關於對象感，我們就先講到這裡」。

每次寫作之前，我都會不停地提醒自己，姿態要低一點，再低一點。

例如，我在「劉潤」公眾號裡最常寫的就是商業相關的內容，寫作時也特別容易出現一些非常難表達清楚的知識點。但我不能說：「喂！就你！看明白了沒有？沒看明白？那你多看幾遍，一直到看懂為止！看不懂不准走！」

把內容講清楚，是寫作者的責任。所以，「請你幫忙看看，你覺得我寫明白了嗎？啊，沒寫明白？那我再改改，再改改……」

中國有句老話，「君子自汙」。意思是你渾身雪白地出門，就會有人忍不住冷不防地往你身上潑髒水。人們不相信潔白無瑕，也不能忍受有人潔白無瑕。那怎麼辦？出門前先往自己身上潑一些髒水。這樣別人看到你就會哈哈大笑，但是惡意全消。

你可能會想，這有什麼意義？他汙、自汙，不都是汙了嗎？其實，「汙」不重要。重要的是，「他汙」是用來邀請惡意的，而「自汙」是用來邀請善意的。

具體怎麼做呢？

把好事都留給對方，把壞事都留給自己。

例如，說好事就得指著對方說：「假如『你』中了一百萬，『你』會怎麼花？」那說壞事呢？就得指著自己說：「假如『我』得了癌症，讓『我』好好想想還有哪些重要的事……」你一定知道，「得癌症」只是我做的一個假設。但假設一件壞事發生在別人身上，換誰看到的反應都是「我就不讓你說，就不讓，就不讓！」

壞事只能留給自己，這就叫君子自汙。開自己的玩笑，是一種幽默感。把優越感讓出去，才有機會影響別人。

———

前面說，職場寫作，有時候要寫的是一份工作彙報。這個時候，寫作最重要的目的之一是影響別人。

如何做到影響別人呢？

邏輯，邏輯，還是邏輯。

麥肯錫曾經有一位非常厲害的合夥人，叫芭芭拉・明托（Barbara

Minto）。她創作的《金字塔原理》（*Minto Pyramid Principle*）影響力非常大，被很多人推薦為商業領域的必讀書。

這本書中提到了「邏輯思考」的概念，可以用 SCQA 四個字母來概括。

S（Situation），背景。

這篇文章面對的外部環境是什麼？有關這個話題的現狀是什麼？最近發生了什麼受關注的事？

例如，寫論文的時候提到，「人口老齡化現象，一直是一個備受關注的社會課題，資料顯示⋯⋯」

這就是背景。

C（Conflict），衝突。

這個話題帶來了什麼樣的影響？是不是和想像中不一樣？是不是給一些人造成了困擾？

「現在，人口老齡化日趨嚴重，加劇了社會負擔⋯⋯」這就是衝突。

Q（Question），問題。

你現在寫的這篇文章，提出了什麼樣的問題？到底想要解決讀者在哪個方面的困擾？

「今天我們最稀缺的資源是什麼？」「為什麼說有的創業者還沒出發，就已經失敗了？」

這些是問題。

A（Answer），答案。

我給出的答案是什麼？我個人的觀點是什麼？我個人認為，這件

事應該怎樣解決？⋯⋯

「我個人認為，今天我們最稀缺的資源，是時間。」這就是答案。

芭芭拉・明托把 SCQA 這四個點做了一些組合，作為職場寫作基本的邏輯思考，用來表達自我、影響他人。

我冒昧地引用詩仙李白曾為廬山瀑布寫下的千古名句：飛流直下三千尺。一套流暢有力的邏輯思考應該像瀑布一樣，從高處傾瀉而下。而在瀑布面前，你不會想要逆轉水流，也找不到任何切斷水流的方法。你能做的，只有接受洗禮。

接下來我就給你舉幾個例子。

第一個例子是 ASC，即按照「答案 —— 背景 —— 衝突」的順序，先拋出讀者最關心的答案，再完整地交代背景，最後描述衝突。可以說，這是一種開門見山式的寫作方法。

我想請你先花一分鐘時間來想想這個問題：ASC 最適合用在什麼場景裡？

答案是工作報告。例如：「老闆，我今天要向你報告一項把公司的銷售激勵制度從提成制改為獎金制的提議。」這就是開門見山，直接拋出答案。

老闆一聽，心想：哦！原來你想和我聊這件事。這是大事啊，你為什麼會有這樣的提議？你順勢就可以交代背景：「公司從創立以來，一直使用提成制來激勵銷售隊伍，但它只是主流的三大激勵機制中的一種。三大激勵機制分別適用於不同的場景。」

原來提成制只是主流激勵機制中的一種，那麼老闆肯定希望進一步瞭解：用提成制有什麼問題嗎？

這時，你就可以把衝突，也就是提成制帶來的負面影響拋出來了：「在公司業務迅猛發展，覆蓋地市越來越多的情況下，提成制會造成很多激勵上的不公平——富裕地區和貧窮地區的不公平，成熟市場和新進入市場的不公平，等等。還有可能出現員工拿到大筆提成，而公司卻處在虧損狀態的情況。」

看到這裡你可能覺得，這也太麻煩了吧，不用 ASC，難道就寫不了工作報告了嗎？

不用這種方法，當然也能寫工作報告。但是，沒有邏輯思考的工作報告可能會導致這樣的情況——我用大把大把的時間，寫了一份面面俱到的工作報告，但老闆只聽了十分鐘就受不了了：「講重點，講重點，講重點！」

老闆說「講重點」，其實是想知道「你想和我說的答案到底是什麼」。所以，ASC 特別適合一些需要突出答案的場景。

第二個例子是 CSA，「衝突——背景——答案」。先強調衝突，引起讀者的憂慮，再交代背景，最後公佈答案。

不妨也來思考一個問題：哪種職業會通過 CSA 來構建邏輯思考？

答案是騙子。你想想騙子慣用的話術：「你用你的大拇指按一按你倒數第三根肋骨，用力按，對，用力按……你看！果然很痛吧？你這病得不輕啊！」

這就是在強調衝突。聽到這句話，估計沒有人心裡不會「咯噔」一下：「那怎麼辦？好疼啊，我還有救嗎？」

　　「還好還好，能治。美國剛剛推出了一項研究成果，通過了 FDA（美國食品藥物管理局）認證。」

　　這就是背景。有這句話，心總算是放回肚子裡了。「那有什麼藥嗎？能買到嗎？」

　　「幸好幸好，我這裡正好有一盒，就是⋯⋯有點貴。」這就是答案。聽到這裡，東西再貴我也買了。

　　沒錯，CSA 的關鍵在於強調衝突，引起對方的憂慮，進一步激發對方對背景的關注和對答案的興趣。

　　再來看第三個例子，QSCA，「問題 —— 背景 —— 衝突 —— 答案」。接下來這段發言，就是按照 QSCA 的順序來構建邏輯勢能的。

　　今天，全人類面臨的最大威脅是什麼？在過去的幾十年，科技高速發展，人類擁有的先進武器，已經可以摧毀地球幾十次。但是，我們擁有了摧毀地球的能力，卻沒有逃離地球的方法。所以，我們今天面臨的最大威脅，是沒有移民外星球的科技。我們公司，將致力於發展私人航太技術，在可預見的將來，實現火星移民計畫。

　　相信你已經猜到了，這段發言來自馬斯克。它的關鍵在於突出資訊 —— 這件事雖說是個大麻煩，但我能解決；儘管這個難題帶來了很大的困擾，但我有辦法。

　　我從芭芭拉‧明托的這套「邏輯思考」心法中受益良多。後來，我將學習心得用在了得到 App 課程《5 分鐘商學院‧基礎》中。**簡單來說，就是 SCA++，場景導入──打破認知──核心邏輯──舉一反三──回顧總結。**

　　聽起來很玄，我們一一來看。

　　場景導入是要把讀者請進你的文字空間，導入他們的身份和情緒。例如：「你有沒有遇到過這樣的客戶？你滿懷激情地跟他聊了很久，介紹你的產品，他也確實很心動，但最後還是因為覺得貴而縮手了。」

　　打破認知呢？它可以是：「這真的是因為客戶小氣嗎？你可能會發現他的包、他的錶都很奢華；小氣和大方是相對的，那有沒有什麼辦法可以讓這些所謂小氣的客戶變得大方呢？」這些問題，你是可以幫讀者問出來的──對啊，為什麼？為什麼？為什麼？這樣一來，讀者的思緒就被一隻看不見的手牽著走了。「這太舒服了，我剛想問，你就說了，所以，到底是為什麼呢？」

　　接下來你就該論述核心邏輯了：「今天，我們就來講一講小氣和大方背後的商業邏輯，教你如何解決這個問題。」

　　在此基礎上，你還可以舉一反三：「其實，這個邏輯還出現在很多地方……」、「關於今天這個話題，我還有這麼幾個建議……」因為你要在交付知識的同時，交付這種知識的其他用途。

　　到了總結回顧這個步驟，你可以幫讀者做一個梳理：「回到最開始的那個問題，今天我們聊了這麼幾件事……」最後來個提高昇華。

　　這就是《5 分鐘商學院‧基礎》的寫作心法，SCA++，用邏輯思考抓住讀者的注意力。

二〇一六年，我在羅振宇老師的幫助下，開始撰寫《5分鐘商學院》的稿件。當我把第一個5分鐘音訊交給羅老師的時候，他表現出來的克制我至今依舊印象深刻。我能敏銳地感受到，羅老師在小心措辭，想在不傷害我的前提下表達他的不滿。但是，他失敗了——他沒找到這樣的詞。於是，批評直接劈頭蓋臉而來。

我哪受過這樣的批評？為什麼要這樣批評我？我寫得不好嗎？為什麼？為什麼？為什麼？

這是因為，音訊的受眾比較特殊。他可能是一邊開車一邊聽，可能是一邊吃午飯一邊聽，可能是一邊遛狗一邊聽。注意力稍有轉移，可能就聽不下去了。所以，有一套能夠抓住受眾注意力的邏輯結構非常重要。

音訊如此，文字也是如此。就拿我們的公眾號文章來說吧，我也有那麼一點小小的寫作心得。如果你有一點點興趣的話，我就斗膽繼續說給你聽。

我經常對編輯同學們說，公眾號的讀者可能會出於各種各樣的原因點進我們的文章，但是，不管他是出於什麼原因點進來，我都希望他能帶走一些東西——一個有趣的觀點、一個不太理解的知識點，或者只是一句有感觸的話。

怎麼讓讀者帶走一些東西呢？

就是要講深、講透。想像一個場景：你把一台像素極高的單反相機聚焦在一朵花上，一直拍一直拍，拍到連花蕊都清晰可見為止。寫作

也是一樣，想要把一件事情講透，應該不惜筆墨。

舉個例子，我們來聊一聊誠信是什麼。

如果只是說，誠信的價值很大，因為社會就是依靠誠信來運轉的。這能讓你信服嗎？

不能？沒關係，我們繼續。

真正的誠信，是選擇與世界重複博弈。為什麼你去某些景點旅遊就被瘋宰，而在樓下菜市場買菜就不會呢？因為景區的海鮮店這輩子基本只會跟你做一次生意，屬於單次博弈，那它當然要拼命提高客單價，宰死你為止。至於你家樓下的小販，他選擇誠信，是因為他要跟你做「一輩子」的生意。所以，誠信的本質是選擇做長久的生意，選擇跟世界反覆博弈。

還是不夠明白？沒關係，再來。

在淘寶上，為什麼商家如此熱情，動不動就說「親，包郵哦」？因為害怕使用者給差評——服務態度不好，評分低，用戶明天就不來買了。更可怕的是，前面用戶的差評會影響後面用戶的購買決定——每一個博弈人的資訊在淘寶體系裡都是公開的，這也意味著前面的單次博弈影響商家跟全世界的重複博弈，因而他必須對每一個人好。淘寶建立的這套機制，成功把單次博弈轉化成了重複博弈，讓每個人都特別注重自己的誠信。還不明白？我的錯，再來再來。

李嘉誠經常說，「我做生意，我拿七分可以，拿八分可以，但我只取六分」。李嘉誠和人談合作時，對方出價一百萬元，他在瞭解完項目後，可能會給到對方一百二十萬元。他的理由是，「因為我覺得你這個東西值一百二十萬元，如果給你一百萬元，我覺得你就虧了。」

　　有的人能拿七分、八分，卻偏偏要把十分都拿走，這就是不誠信。而一個優秀的企業家，想讓和他做生意的人也獲得價值，選擇只取六分。他講誠信，選擇和世界重複博弈；他少拿的這兩分，就是給世界的存款。

　　剛才我們圍繞誠信這個話題，做了單反相機式的觀點聚焦——一直講，一直講，講到透為止。但你可能有疑惑，這不就是一直說一直說嗎？

　　是的。確實是一直說。但重複地說「誠信很重要」這句話是沒有意義的。我們都知道誠信很重要，這句話都被講爛了，一點新鮮感都沒有。

　　那怎麼辦？你不妨試試這些小技巧，分別是：**講故事、舉例子、打比方、給金句**。

　　喝口水，休息一下，咱們接著聊。

　　■

　　關於講故事，有這麼一個有趣的故事。

　　從前，有一個傢伙，名叫「真理」。他走在街上，大家都不喜歡他，因為他老是不穿衣服。「真理」心想，我是真理啊，我是對的呀，為什麼大家不喜歡我？沒辦法，為了讓大家喜歡他，他只好去隔壁村借了一件衣服穿上。這件衣服，名叫「故事」。

　　二〇二一年，我寫過一篇關於鄭州暴雨的文章，講了三個發生在暴雨二十四小時裡的故事。我簡單複述一下。

　　第一個故事是，有一位手持菜刀的年輕人，涉水來到一輛被困在

水中的汽車旁。水位一直上漲，漫過了車頂，他拿著刀砸車頂、車窗，最後把裡面的孩子救了出來。

第二個故事是，月子中心的一對夫妻，從大水裡前後救了七、八十個人。後來人們才知道，救人的英雄是名癌症患者。

第三個故事是，一個外賣小哥接了一個「跑腿」訂單，解救被大水困在公車上的老人。

對，「中國人民真是太有愛了」這件事，讀者們都知道，不需要我來說。我要做的，是把這三個故事講好，那麼讀者自然會感受到河南人民的大愛、全國人民的真善美，以及人們在極端情況下表現出來的愛與堅韌。

但是，想講好一個故事，光複述是沒用的。看完上面的三個故事，你可能內心毫無波瀾。為什麼？

因為沒有畫面感。一個好故事，關鍵在於細節。我再舉個例子。

「他站起身來，走向戰場。」

這就是個陳述句。你不知道這個人為什麼走向戰場，不知道他此刻是什麼心情。你可能只覺得：哦，有個人走過去了。

那我改改。「他把煙頭狠狠地丟在了地上，站起身來，走向戰場。」

現在，你眼前可能有一點點畫面了——這個人懷揣著憤怒、孤勇，要上陣殺敵了。

我看看還能不能再改改。「他抽完了最後一口煙，把煙頭狠狠地丟在地上，站起身來，碾了兩腳，徑直走向了戰場。」

這就是一個有細節的畫面了——這個人的背後是血海深仇，面前是千軍萬馬。他憤怒，他孤勇，他決絕，他視死如歸。

━

　　如果你能用上一個觸達心扉的故事，自然很好。但你可能會說：總有一些複雜的知識點，沒辦法用故事講明白；直接拋出一條定義的話，又特別晦澀難懂。怎麼辦？

　　這個時候，舉例子就是一個不錯的小妙招。

　　二〇二〇年，我寫過一篇文章——《到底是什麼〈新規〉，暫緩了螞蟻上市？》。當時我寫這篇文章，是想幫助讀者理解這幾件事：要實行的這項新規，「在單筆聯合貸款中，經營網路小額貸款業務的公司出資比例不得低於 30%」，是什麼意思？這條新規和螞蟻集團暫緩上市有什麼關係？

　　如果我只是把這條新規簡單地複製貼上到文章裡，讀者就只好帶著問題來，又帶著問題走。

　　怎麼辦？我就要給你舉個例子，把這件事講清楚。

　　假設小張是支付寶的客戶，有很高的芝麻信用分，他用 10% 的年息，向螞蟻集團借了一萬元。螞蟻集團找到銀行說：我們用科技評估過了，這是好客戶，可以借。我們合作吧，我出 1% 的資金，你出 99%；10% 的利息，我們一人一半。

　　銀行一算：你出科技，我出金融。本金玖仟玖佰元，利息伍佰元。5.05% 的收益率，可以。螞蟻集團一算：我出科技，你出金融。本金壹佰元，利息伍佰元。500% 的收益率，更可以。兩人一拍即合。

　　但是，新規意見稿規定，螞蟻集團出資不得低於 30%。這意味著，借給小張的一萬元中，螞蟻集團必須自己出超過參仟元。

　　本金參仟元，利息伍佰元，螞蟻集團的收益率立刻就從 500% 降為

16.67%。

出資比例增加到 30%，意味著收益要降低很多很多。看完這個例子，你就能明白，這項新規為什麼會影響到螞蟻集團的估值。

除了講故事、舉例子，寫作的時候，你還可以打比方。

「打比方」這件事滿難的。你得把一件事類比成另外一件事。

這就意味著，你得同時窺探兩件事的本質。例如說，怎麼理解品牌？

不同品牌的打造方式是不一樣的。有的品牌喜歡講故事，有的品牌喜歡玩定價……關於品牌，能延伸出很多很多的話題。那該怎麼和讀者說清楚品牌到底是個什麼東西呢？

我會這樣說：品牌就像容器，是一個很大很大的碗；裡面的東西越多，容器就越穩。打造品牌的過程中做的各種各樣的事，其實是為了往這個容器裡放三件東西。第一件叫瞭解，第二件叫偏好，第三件叫信任。

這就是打比方。你可以把一件抽象的事翻譯成一件貼近生活的事。

給金句，相對好理解一些。簡單來說，就是給一句聽上去朗朗上口，一下子打動人心的話。

在前面提到的寫鄭州暴雨的文章中，我就用了這樣一句話：「這個世界上哪有從天而降的英雄，只有平凡人的挺身而出。」後來，這篇

文章被大量閱讀和轉發的時候，這句話就經常被讀者點到。

你可能會說，我看過很多金句，也知道金句的重要性，可是，我要怎麼寫出金句呢？

關於這個問題，我的辦法是收集。因為金句是偶得的，就像天賜的寶物一樣。在我手機的備忘錄裡，就有很多收集的金句。例如說，情緒類的：「其實大部分人，都已經見完了彼此的最後一面。」、「考試過濾掉了學渣，卻過濾不掉人渣。」例如說，辯證類的：「一流的人才雇用一流的人才，二流的人才雇用三流的人才。」、「多少的好答案，正在等一個好問題。」

這就是給金句。它能給你的文章畫上點睛的一筆。

呼，終於說完了。讓我喝口水，喘口氣。

佛家說，世上有八萬四千種法門。我總結的寫作方法，僅僅是供你參考的其中一種。

如果你問我，這麼多條寫作的方法，最重要的是哪一條。我想，最重要的，應該還是「寫」吧。

一九九四年，我還在南京讀高中，是個不諳世事、頭髮茂密的小少年。為了告訴同學們都別來找我玩了，我要努力考大學，我寫了一篇《我的準遺書》。

後來，這封「遺書」不知怎的刊登在了《中學生報》上。這是我人生中第一次收到稿費，一筆五塊錢的鉅款。

從那時候開始，我就覺得寫作真的太有趣了。我就這麼一直寫，

一直寫⋯⋯寫到二〇〇六年，整整十二年之後，我才寫出了第一篇真正意義上的爆款文章——《計程車司機給我上的 MBA 課》。這篇文章曾經傳遍整個網絡，紅極一時。今天再回想那段經歷，感覺好像在做夢一樣——全國各大電視台的編導、記者、攝影師，假裝成微軟的員工，沖進我的辦公室採訪，或者就把採訪車停在大廈樓下堵截我下班。然後我上了《新聞晨報》頭版頭條、《新民晚報》二版整版、第一財經《財富人生》、中央電視臺《走近科學》⋯⋯

大量的經濟學家、管理學者把這篇文章寫入他們的教案。甚至還有無數創作者腦洞大開，把它改編成了《性感女總裁和計程車司機的故事》、《一個月入八萬的小姐給跨國公司高階經理人上的 MBA 課》《一個乞丐給小姐上的課》⋯⋯

是的，《計程車司機給我上的 MBA 課》——這才是原文。

直到今天，在微博、微信公眾號等平台上，還有無數人在轉載和改寫這篇文章。

二〇一六年，我專程飛到北京。真的是專程，沒有任何其他目的，就是為了羅振宇老師的一句話：「有件大事和你商量，你來趟北京吧。」

我也不知道為什麼，出於信任吧，雖然非常忙，但沒問任何具體事宜，就真的飛到了北京。

那一天，我知道，一個叫「得到」的 App 就要誕生了。羅老師和脫不花邀請我在這個新生的 App 上寫一門商業課程。

是的，就這麼愉快地決定了。《5 分鐘商學院・基礎》，很幸運地獲得了三十三萬學員的認可，成為總收入超過六千萬萬元的知識產品。

從一九九四年到今天，從「青澀少年」到「油膩大叔」，從五塊

錢到六千萬元……我還在寫，寫了整整二十九年。

有時候，我會突發奇想，看看曾經的那些文章。

猛地發現，《5 分鐘商學院》是七年前的事，《計程車司機給我上的 MBA 課》是十七年前的事，而《我的準遺書》已經是將近三十年前的事了。

也挺好。接著寫吧。

真的要寫好一篇文章，
心裡裝的不能是「我」，
而應該是「你」。

第十二封信
閱讀從哪裡開始

和菜頭

和菜頭

知名作家，微信公眾號「槽邊往事」主理人。

代表作：
《槽邊往事》
《你不重要，你的喜歡很重要》

主理得到 App 課程：
《槽邊往事》
《和菜頭・成年人修煉手冊》

各位讀者朋友：

今天寫這封信給各位，是應羅振宇先生的邀請，談一談我個人認為最值得推薦的軟技能。對我來說，聽見「軟技能」這三個字，最先蹦出腦海的就是閱讀，而且是閱讀入門。

看到這裡你可能會覺得有些奇怪——識字讀書那麼多年了，為什麼還要討論這麼基礎的內容呢？就好像你是一個縱橫江湖多年的俠客，我卻跑來說讓我們聊一聊紮馬步這件事。有這個必要嗎？

不妨從我的個人經歷談起。在接近二十年的時間裡，我不斷在網上寫文章向人推薦書。為了讓讀者對某本書產生興趣，我煞費苦心，想出了各種各樣的介紹方法。依照我的想法，人們不是不喜歡閱讀，而是需要給閱讀找一個理由，而我就是負責找理由的那個人。

這樣過去很多年之後，我突然意識到自己在最基礎的部分犯了個錯。太多人的問題不是沒興趣閱讀，而是根本就讀不完一本書。人們聽完推薦之後會去買書，但買來之後通常翻幾頁就放下了。偶爾有人會斷斷續續地讀下去——我發出一篇書籍介紹文章，在後來三五年內都會收到留言，說「當初買下這本書之後就放在一邊，直到現在才看完，發現確實是一本好書，特來表示感謝」云云。

所以，如何提升閱讀速度，如何記住主要內容，如何找到一本書的精髓部分——這些都不是人們迫切需要的閱讀技能。人們真正需要

的是讀完一本書的能力，達成人生中的小小個人成就。然後需要很多個這樣的成就，在它們的基礎上，才有可能形成所謂的個人閱讀習慣。有了個人閱讀習慣，才需要找尋各種進階技能。

如果你現在還有點不服氣，對自己的閱讀能力非常有把握，那麼我想問你幾個問題，希望你誠實認真地回想一下：

你是不是對特定的幾類書非常熟悉，也非常喜歡，閱讀這些書你沒有任何障礙，甚至興致盎然，但只要換一個類型、換一種風格的書，你之前那種流暢自如就消失了？書買回家之後，你是不是會懷著極大的興趣翻開第一章，但連第一小節都沒讀完就放在一邊，再也不想去碰了？你只是擅長讀你喜歡的書而已，是這樣吧？假設你喜歡歷史讀物，你大概能很順暢地讀完一本又一本同類的書，但是，換成古文的歷史讀物大概就不行了，換成學術一點的歷史專著可能也不大行，要是換成藝術類的書，很可能就徹底不行了。

現在你應該猜到我對閱讀入門的定義了吧？我的定義是：**除了專業書和教科書，隨意挑選一本書，無論是什麼主題、哪個類別，你都可以從第一頁讀到最後一頁。**只能讀特定類型的書，那是在嬌慣自己的胃口。都說讀書能開闊眼界，你的偏好卻限制了你拓展眼界的可能。你我永遠都應該記住這個常識：一本歷史書是從歷史的角度去解釋世界，一本經濟學的書是從經濟的角度去解釋世界；而這個世界如此豐富多彩，怎麼可能靠單一角度就完全解釋清楚呢？

真正的問題在於，人們開始識字讀書之後，很快就養成了自己的

閱讀偏好，然後在自己喜歡的書籍類型上花費了太多時間；只要換一種類型，沮喪和放棄馬上就會到來。因此，如何讀完一本書不單是個基礎問題，也是一個在人群中普遍存在的問題。

——

如果你覺得有必要從紮馬步開始練習，我這裡剛好有一個方法給你。非常簡單，就是選一本你之前讀不下去的書，換一種全新的方式去閱讀。

你最好先給自己規定一個具體的頁數，確定每天要看幾頁。這個數字我建議在三～十，太短了沒有足夠的內容可以閱讀，太長了會讓你覺得難以堅持。一般情況下，人們喜歡翻開一本書，讀到力竭為止。但用這種方法，遇見自己不熟悉的類型，或者稍有難度的書，就很容易產生挫敗感。所以，我們先選擇一個自己完成起來毫無壓力的頁數。

接下來，還有一個非常重要的步驟：重複閱讀這部分內容，重複次數我也建議在三～十。這是因為，**閱讀的理解和速度都建立在對內容的熟悉程度上**。為什麼人們會喜歡讀同一類型的書？因為讀得越多，閱讀速度就越快，理解程度就越深，從中獲得的趣味和感悟也就越多。但碰到陌生類型的書時，這種優勢就消失了。所以，若是想人為地建立起熟悉感，最簡單的方法就是反覆閱讀。

反覆閱讀還有一重額外的功效，它能治療你我在閱讀上的自滿之心。現在你就可以選本書試一試——在反覆閱讀的過程中，你會發現，每次你都能看到一些上一次沒讀到的內容。沒錯，你覺得自己逐字逐句讀完了，每個句子、每個漢字都已經印在腦海裡了，但確實就有一些內

容在你眼前不斷被錯過，讓你在重讀時感到如此新鮮。

與此同時，隨著對這一小部分內容的熟悉程度不斷上升，你的個人理解力也會提升。原先看似堅固艱澀的內容會逐漸崩解，顯露出真實的內容。你開始理解作者的真正用意。而當你對文字非常熟悉之後，你自然會在反覆閱讀的過程中加入自己的思考，這就是古人所說的「書讀百遍，其義自見」。

這種理解是個複利過程。你每天讀幾頁，累積一點理解，這點理解又能運用到後續的閱讀中，就像滾雪球一樣。等到讀完全書，你的理解程度應該已經達到了相當驚人的程度。這也就意味著通過這一本書，你打開了一個類型的書籍的大門；你在選擇下一本同類型的書繼續拓展眼界時，就遠不如讀第一本時那麼痛苦了。

從頭到尾通讀一本書，除了作為一種閱讀技能值得學習之外，還是未來許多進階閱讀技能的基礎。

人們總喜歡問一個問題：在閱讀中如何才能做到觸類旁通？我的答案是：**所有觸類旁通，都藏在那些你不感興趣的書裡**。書的類型總數是驚人的，然而人們面對的世界是同一個，面對的問題也是類似的幾個。而所謂觸類旁通，就是聽聽不同的人從不同角度分析同一件事、同一個問題，這會讓你收穫各種不同的思考方式。你掌握的思考方式越多，把它應用在其他事情上的可能性就越大。到後來，即便碰到兩件看似毫無關聯的事情，你也馬上可以知道它們的解法是一樣的，因為它們思考的路徑是一致的。反過來，如果你只讀自己喜歡的某幾個類型的書，你就

是在用相同或者類似的手段反覆解決同一類問題。都是同類，怎麼可能有什麼旁通呢？

能讀完一本書，尤其是自己不感興趣、缺乏理解基礎的書，這是旁通的前提。人們喜歡越過這個步驟，直接詢問具體方法。問題是誰也不能代替誰去閱讀，更不能代替誰去體會和領悟。

人們還喜歡問一個問題：如何把一本書讀透？我強烈建議你用前面我介紹的方法，找一本你最喜歡的書來重讀一遍。我相信，耗費幾個月的時間，每天讀一點，重複讀多次，在完結的那一天，你會發現自己讀到了一本全新的書。

這裡沒有任何神秘學。生活中經常有人坦承：同一本書，在二十歲的時候看和四十歲的時候看完全是兩種感受。只不過那是偶發事件，不是有意識的主動訓練。

在我們讀完一本書之後，留下的通常是一些感性的印象，記憶最深刻的是那些深深打動自己心靈的部分。多年之後，我們談及一本書是好書時，指的就是這一點心動。但任何一本書的深度和廣度，其實都超越了個人感性所能體會的那一小部分。唯有這種耐心細緻的閱讀方式，才能摒除感性的影響，通過運轉理性領悟到文字背後的力量。一個想法如何構建，一種情緒如何營造，只有通過這種閱讀方式才能清晰地看到。

除此之外，我最想提醒你的一點是，我們永遠都不應該忘記讀書的初衷。

書的確有消遣的功能，也的確有商品的屬性，但我們不要忘記任何一本書後面都是一個活生生的人，或者曾經活生生的人。無論他是講述一個故事，還是闡釋一個道理，又或者是討論某個專題，我們真正需要去看的，是這個人的思考過程。**如果在看完一本愛情小說之後感歎「這也太讓人心酸了」，看完一本科普書之後感歎「人類也太聰明了」，那就真的是把書當成了某件商品，在談用後體驗。**事情不應該是這個樣子的。如果只有感受，就等於根本沒有讀書。

雨果的《悲慘世界》值得看的部分是尚萬強的轉變，還有警探賈維之死，這裡面都是雨果對社會和人的思考。正因為他有這樣的思考，才會給人物安排這般的命運。錢穆的《中國歷代政治得失》值得看的不是他點評歷史人物的成敗，而是他在每一個章節反覆運用的分析方法。歷代朝堂之上發生過那麼多事，他如何將其簡化為幾條簡單的脈絡，找到幾條簡單的標準，這是他思考的結果。如果只是去記住誰是好人，誰是壞人，誰是奸臣，誰是忠臣，就等於浪費了錢穆的這一番功夫，等於沒有看過這本書。換一個歷史時代，換一群人再來，我們依然不知道應該如何做分析。

我們生活在現代社會，一切都太快速、太明亮、太嘈雜。在馬步紮好之前，人們就已經在追求如何更快地讀完一本書，追求一年能讀完多少本書了，而這些事根本就和閱讀無關。

閱讀是一門古老的手藝，核心是讀得慢，讀得仔細，追求讀完一本有一本的收穫。我之所以介紹這麼愚笨的方法，並非創新，而是向古人致敬。在書籍還很珍貴，數量還很稀少的時代，人們不是讀完一本書，而是把一本書讀透，所以才會有那麼多關於閱讀的箴言。

那些箴言在今天基本上都已經失效了，因為人們不再那麼閱讀，普遍缺乏從頭到尾讀完一本書的能力，市場卻可以無限量地滿足一個人的閱讀需求。於是，我們面對的處境是書多到讀不完，但我們只閱讀其中非常薄的一小片。而且即便是那麼一小片，我們也只是浮光掠影地讀，滿足於「讀完」兩個字。

有一種說法是對的，人的一生之中並不需要讀那麼多書，只需要反覆讀有限的幾本好書就夠了。這句話怎麼理解？我認為它是在說，雖然有那麼多書，那麼多作者，但是其中真正偉大的並沒有多少。如果我們能夠讀得慢一點，仔細一點，認真理解少數幾個偉大靈魂是如何思考的，就足夠我們安然橫渡人生的苦海，而無須在太多書上耗費太多時間。

我希望你能夠先達到閱讀入門，能夠拿起任何一本書都毫不費力地讀下去，並且知道其中最有價值的部分在哪裡。在這一天到來之前，請先試著慢慢讀完一本書。單憑這種能力，乘以時間的累積效應，十年之後，你就會和周圍的人大有不同。

閱讀是一門古老的手藝，
核心是讀得慢，讀的仔
細，追求讀完一本有一本的收
穫。

和菜头

自我管理的關鍵是
目標管理

蔡鈺

蔡鈺

商業觀察家，得到高研院前教研長，虎嗅網前聯合創始人。

主理得到 App 課程：
《蔡鈺‧商業參考》
《蔡鈺‧情緒價值 30 講》
《蔡鈺‧批判性思維 15 講》

這位朋友：

你好，我是蔡鈺。

羅振宇老師給我布置了作業，要我跟你聊聊軟技能。「軟技能」這個詞我最早就是從他口中聽到的。他解釋說，軟技能是相對硬技能而言的。硬技能是人跟物打交道的能力。例如，跟食材打交道的能力，廚藝；跟代碼打交道的能力，程式設計。而軟技能是人跟人打交道的能力，像寫作、演講、溝通、組織，都能幫你提升跟其他人打交道的水準。

這一開始讓我有點犯難。在過去兩年裡，我剝離了身上的管理職能，回歸寫作者的角色，專心打理得到 App 上的日更專欄《蔡鈺·商業參考》。我每天要寫一篇 3000 字左右的文章，這需要大量時間進行資訊攝入、思路梳理和文字輸出。

這項工作本身就是反交際、反協作的。我的生活雖不能說與世隔絕，但可以算是「人跡罕至」。這樣的生活裡，我有什麼跟人打交道的經驗值得與你分享呢？寫作嗎？

我快速回憶了一下這兩年高強度的寫作生涯，發現自己對兩件事感受頗深：

第一，寫作就是跟資訊和文字纏鬥。

資訊紛至遝來，辭藻也排山倒海而來，如果我有足夠強的心智能量，就能跳脫它們的纏繞，反身駕馭它們，把它們編排成我想要的秩

序，為我所用。但我只要稍顯弱勢，就會被它們反攻，我的思緒就會被奪走，表達也就亂了。

戰況膠著的時候，我經常想起莊子說列子禦風而行。列子當年也是在跟狂亂的空氣戰鬥，把空氣整理成「風」這種秩序。四捨五入，我跟列子也算息息相通了一小會兒吧。

第二，想要駕馭資訊和文字，得先駕馭好自己。

怎麼充電、蓄勢，支撐我每天打一仗？怎麼時刻提醒自己，堅守自己的表達主線？怎麼規劃環境、節奏，讓寫作效率最高？怎麼設計資訊攝入，讓它能支撐寫作，但又不至於讓我被它淹沒？怎麼安排休閒、娛樂，讓自己的玩心不覺得被虧欠？⋯⋯

駕馭好自己，我就能把鍵盤敲得行雲流水，省出大把時間去生活，並在生活裡攢下更多思考和感受來持續輸出。駕馭不好自己，我就會陷入低效的焦慮狀態，疲於奔命。和前者相比，這會是一個惡性循環。

想到這裡，我突然意識到，我這兩年時刻在訓練另一種軟技能——目標意識，它比寫作能力更值得與你討論。

在這兩年的纏鬥裡，每次快要被思緒和資訊攻陷時，我就會問自己：我當下想幹嘛？此刻在哪裡？接下來怎麼辦？靠著回答這幾個問題，找回原定目標，基本就能爬出資訊和思緒的漩渦。目標意識之所以是一項重要的軟技能，是因為透過管理目標，我們其實也在管理自己；這種自我管理能力，其實是自己跟自己打交道的能力。而我們自己，恰恰是我們的人生中最長久也最可依賴的隊友。**怎樣駕馭、管理和照料好這位長期隊友，不正是我們最應該訓練的能力嗎？**

我的工作是觀察和記錄商業世界的變化。這些年來，我在各路企業家、創業者和投資人身上看到的最重要的能力之一，正是自我管理的能力。管理人生規劃、管理精力、管理時間、管理健康、管理情緒和意志……

十多年前，我採訪福耀玻璃的董事長曹德旺，那次不是跟他聊商業和產業，而是聊他的公益慈善事業，聊著聊著，他就談起了自己的生活習慣。

曹德旺說，他每天晚上都在固定時間關燈睡覺，但躺下不會讓自己立刻睡著，而是會先閉眼回想一整天的待人接物過程，回憶對方做了、說了什麼，自己是如何反應的；自己做了、說了什麼，對方又是如何反應的。如果回想起對方或者自己有不舒服的環節，就要去想怎樣改進。大概花個半小時，複盤完後才能安心睡去。之後再遇到類似的情況，他應對起來就會一次比一次得當。

中國有句老話叫「做事先做人」，曹德旺這睡前半小時就是在自我管理、反覆運算自己的「做人之道」。

當時，互聯網思維還沒有流行起來，「反覆運算」這個詞也不常見。但是曹德旺這個故事卻成了我記憶中跟「反覆運算」相關度最高的故事。你想想那個畫面：一位傳統製造業出身的企業家，用一天一個版本的速度來反覆運算自己。躺下去時版本號碼還是 60.361，坐起來時就已經是 60.362，充滿了科幻感。他和絕大多數人的差距，就是這樣在幾十年如一日的「睡前半小時」裡拉開的。

那反過來想，如果今天一個年輕人照搬曹德旺這套自我管理方法，

堅持五年，甚至十年，他是不是也有足夠大的機率能跟同齡人拉開差距？

如果把目標再聚焦一點——假設你想做的事情是謀求升職、創業、寫論文、早睡、減肥，或者學習其他任何一種硬技能或軟技能，**在投身這些任務之前，先做好自我管理，是不是就在給任務本身降本增效？你的自我管理水準越高，是不是就越能心無旁騖地創業、專心致志地寫論文、鐵石心腸地睡去、不厭其煩地運動、勢如破竹地背單詞？**

所以，自我管理能力是每個人的基礎能力，而且它不是某種單一能力——管理自我既包括管理目標、管理注意力、管理健康，也包括自我激勵、自我安撫、自我取悅……我認為其中最基礎的就是管理目標，讓自己有清晰的目標意識。

什麼叫目標意識？就是確定自己的目標，並隨時根據目標來決定當下的行動。目標意識能幫你從繁雜的資訊和思緒裡掙脫出來，也能幫你始終牽住人生的主線。

前面講自我管理的時候，我為你介紹了來自傳統製造業，卻能以互聯網思維裡的「反覆運算」要求自己的企業家曹德旺。而關於目標意識，我想為你介紹的則是「互聯網思維的鼻祖」雷軍。

雷軍創辦的小米是一家很有意思的公司。它做手機起家，今天變成了一個「數位產品＋快銷品」的陣列品牌，在中國市場上擁有奇特的民心。小米生態體系內的產品，無論是小手機還是大電視，無論是延長線還是淨水器，在人們的印象裡都是高性價比的均質化產品。如果你

需要一個，又懶得選擇，通常認為買小米生態體系裡的產品就不會出錯——它價格大抵公道，品質也及格。

小米是怎麼累積出這樣一套品牌印象的呢？我認為，創始人雷軍的目標意識起到了非常大的作用。

雷軍的目標意識也分兩步：第一，確定目標。

雷軍想要證明，互聯網思維可以幫助傳統製造業進行效率革命，讓大眾享受高性價比的產品。他的這套互聯網思維你肯定聽過，就是「專注、極致、口碑、快」。

第二，基於這個目標投身行動，創辦小米公司。

我從小米的發展史中找到了幾個充滿細節的故事，它們都是雷軍強大的目標意識的佐證。

第一個故事叫「九輪面試」。

二〇一一年，有個北大畢業生想在畢業前找一份實習工作。他在網上搜到一家小公司，挺喜歡，投了簡歷。這家公司就是小米，當時成立未滿一年。

小米很快給了這個畢業生回應，邀請他來面試。結果公司裡的各路人馬總共面試了他九輪。在最後一次面試時，他跟人聊半小時，突然有人推門進來。他一看，雷軍。

經過九輪面試後，這個畢業生加入了小米，實習半年後離開。又過了幾年，他自己創業，專門去找雷軍的順為資本談融資。這個曾經的小米實習生特別激動地跟雷軍講了當年九輪面試的故事，說自己當時覺

得很不可思議：招一個實習生而已，小米竟然面試了他九輪，而且面試官裡還包括兩位聯合創始人，這也太認真、太嚴格了。

雷軍後來回憶這段歷史，說九輪面試根本不算多的。小米當時看中一個工程師，核心團隊跟對方談了十七次。其中雷軍自己就跟他談了十次，好幾次都是一談就十幾個小時。

為什麼要談這麼多次？雷軍說，因為當時小米想做的事情很難，人才光能幹是不夠的。能不能幹，面試一兩次就能判斷出來了；但責任心是不是到位、願景是不是互相認同，需要反覆接觸才能確認。

你看，這就是雷軍的目標意識在發揮作用。他很清楚，「好不好」跟「適不適合」是兩個問題。「好不好」是在判斷客觀優劣，「適不適合」是在判斷對方是不是真的能跟小米匹配。

第二個故事叫「頂配供應鏈」。

小米想做平價好手機，就得把產能搞定。

當時，蘋果手機已經替所有手機廠商探過路，把最優質的供應商都拉進蘋果供應鏈裡了。於是，小米作為一個硬體外行，制定了一條不會出錯的策略：非蘋果供應鏈不用，連螺絲釘都從蘋果供應商那裡採購。

但當時的小米是一家毫無歷史信譽的小公司。據說小米去找夏普談訂製手機螢幕的事，對方根本不搭理小米。

那能不能退而求其次，先在國內找二線廠商做呢？不能。雖然二線廠商裡也可能藏有掃地僧式的高手，但以小米當時對硬體行業的理

解，根本沒有能力去做一流的篩選和溝通。真要這裡妥協一步、那裡妥協一步，最後出來的手機跟山寨機不會有什麼區別。

小米決定守住「最好手機」這個目標。雷軍不僅動員所有關係聯繫夏普，還在二〇一一年日本「3・11」大地震之後動身前往夏普位於大阪的總部拜訪談判，最後終於用誠意打動對方，達成了合作。

類似的行動是小米創業初期的常態。它在初期找所有供應商的時候，都付出了遠超正常市場價格的代價。

第三個故事叫「稻草和金條」。

二〇一五年，小米遇到業務困境，沒能達成銷售目標，引發了產業鏈夥伴的疑慮。為了解決困境，有人推薦雷軍一位半導體行業的高手。這位高手接手上一家公司短短四年，就把營收從九百萬萬美元做到了四億美元。高手在跟雷軍面談的時候，也重點渲染了自己「把稻草賣成金條」的行銷能力。

但這話讓雷軍越聽心越涼，沒談完就意識到這個人不適合小米。

你可能想問，這麼狂放的行銷能力，不是正好可以帶著小米走出銷售困境嗎？確實能讓小米走出困境，但這偏離了小米的目標和主線。

小米講求的是「和用戶做朋友」。跟朋友做生意，要講求感動人心、價格厚道。如果把稻草當成金條賣給對方，那就沒有朋友可做了。

就算不把用戶當朋友，不也能做生意嗎？確實能另起一攤賺錢的生意。但這就像在做小米粥的半路上，請來一位魯菜大師當援手，轉身做起了蔥燒海參。

蔥燒海參當然也能賣，也能賺錢。雷軍如果身份是投資人，說不定會同意，因為投資人的目標是「用投資收益證明自己的判斷力」。

但這不是雷軍當時的目標。雷軍創辦小米之前，做過金山軟體CEO，當過天使投資人，早已經財務自由了。如果他只是想賺錢，繼續做投資就行了。他做小米的初心，前面說了，是證明互聯網思維可以改造傳統製造業，而證明這種改造可行性的關鍵標準，就是讓大眾享受到高性價比的商品。

「小米粥店」要是半途改道做蔥燒海參，也許確實能走出當時的困境，但「讓大眾喝上小米粥」這個目標就失守了。

小米失守了嗎？沒有。它不僅從二〇一〇年以來的智慧手機競爭大潮中存活了下來，還走出了二〇一五年的業務困境。到今天，它已經是全球智慧手機出貨量排名前三的手機品牌了。小米生態體系裡的其他產品也都享有跟小米手機類似的品牌印象。放在年入十萬元和年入千萬元的家庭裡，這些產品似乎都能適配；買起來不操心，看起來既不奢華也不寒酸，用起來還不心疼。

這正是雷軍一開始想要證明的，互聯網思維可以改造傳統製造業，在不減損品質的前提下，讓大眾享受到高性價比商品。

我們放過小米，說回自己。

目標意識只在重大事業上和危急關頭有用嗎？不是。目標意識不是要求你只做目標主線上的事，而是提醒你在遇到非主線的事件時，應該思考什麼樣的選擇和應對能跟人生主線協同，或者對主線的損耗最小。

例如，你認為擴展資訊量對生活很重要，那在找「電子榨菜 1」來消磨午餐時，你是選擇看了五遍的《甄嬛傳》還是一部新片？你的價值取向這時會跳出來告訴你，選擇新片。而如果你是為了獲得某種確定的情緒體驗，那麼在相同的情境下，你當然會選擇《甄嬛傳》。

目標意識是要求我們只能幹正事、進行苦修式的自我約束嗎？也不是。它其實是希望你先想明白自己到底需要什麼、想要什麼，然後再做決策和行動。

例如，高溢價產品都是智商稅嗎？如果你很清楚你要支付何種對價、購買何種愉悅——省心、限量的獨特性、自我犒賞或身份標籤——高溢價產品就不是智商稅。那些投入大量時間和精力去辨識並排除智商稅產品的消費者，買的不也是「我比別人精明」的愉悅感嗎？

目標意識通往人間清醒。它能幫你攔截大量噪音、節約非必要行為、獲得堅定的快樂。

大道理說了這麼多，我自己的目標意識修煉過程其實仍然磕磕碰碰。所以這封信號稱是寫給你的，其實也是在勉勵我自己。

那就祝我們都在目標意識的修煉上小有所成吧！

1　電子榨菜，中國網路用語。意指吃飯時看的影片或文章、有聲書等娛樂文化產品。

什麼叫做目標意識？

就是確定自己的目標，

並隨時根據目標來決定當

下的行動。

目標意識能幫你攔截大量

噪音，獲得堅定的快樂。

蔡鈺

第十四封信
玩數據

劉嘉

劉嘉

南京大學軟體學院副教授、博士生導師，智慧軟體工程實驗室副主任。致力於融合概率論、博弈論、系統工程等方法推進群體智慧，研究成果在華為、百度、阿里巴巴等一流企業得到應用。

代表作：
《劉嘉概率論通識講義》

主理得到 App 課程：
《劉嘉・統計學 20 講》
《劉嘉・概率論 22 講》

親愛的讀者：

見信好。

我叫劉嘉，是你們印象中的那種純理工男、技術宅。我大學學的是數學，博士學的是系統工程，曾經做過七、八年「碼農」（IT 工程師），現在在南京大學軟體學院當老師，研究方向是人工智慧和大數據。

日常工作中，我需要運用機率統計的基礎知識，以及機器學習、深度學習等人工智慧演算法，透過一則又一則複雜的公式、一次又一次繁瑣的計算，從大數據的海洋中萃取價值、獲得認知、解決問題。

我相信很多理工科的學生應該和我一樣，和電腦打交道的時間遠遠超過和人打交道的時間。像我們這樣以某項硬技能為生的人，有必要提升自己的軟技能嗎？

我的答案是，很有必要。下面我就以目標管理和學習能力為例，帶你看看這兩項軟技能是怎麼為理工科學生的工作賦能的。

二〇二二年，有一則新聞在全網引發了熱烈討論，就是「新國標

紅綠燈標準出台[1]」。這款新方案中有三組紅綠燈，對應三個方向，同時取消了紅綠燈的讀秒倒數計時。很多網友吐槽這種「九宮格」的設計過於複雜，也有人對取消紅綠燈的讀秒倒數計時提出質疑。後來是公安部發公告說：你們都搞錯了，這不是新方案；「九宮格」只是紅綠燈特殊組合的一種，僅適用於極少數複雜路口。

雖然「新國標紅綠燈標準出台」是誤讀，但假設你是公安部交通管理科學研究所的研究人員，或者協力廠商諮詢機構的數據工程師，你會怎麼看待網路上對紅綠燈新舊方案的討論呢？

你肯定不能依據自己的喜好，拍腦袋下結論。你得有依據，依據就是數據，下結論得靠數據分析。

具體怎麼做？是去抽樣調查，聽聽大眾對新舊紅綠燈方案的意見？或者是去諮詢專家，聽聽他們的意見？又或者是去調研一線交警的感受？

都不是。**這個討論裡，專家說了不算，大眾吐槽也不算，一線交警的感受也不重要。真正決定紅綠燈方案好壞的，是十字路口通過的效率，以及交通事故率。**

好，一旦明確紅綠燈改版的目標是提高十字路口的通過效率、降低交通事故率，你就知道接下來該怎麼做了 —— 隨機對照試驗啊，隨機選幾個路口，部署新版紅綠燈，比較在舊版和新版紅綠燈下，透過效率和事故率的變化，再進行相關性檢驗。

如果新版紅綠燈確實能提高通過效率、降低交通事故率，那麼要

| 出台，中國用語。意指政策、法令、措施等正式公布和實施。

不要全面實行新標準呢？這時候，問題的目標就變成提高投資回報率了——緩解交通擁擠、減少交通事故帶來的收益，能不能覆蓋更換全部紅綠燈的成本？是不是只更換重點路口的紅綠燈產生的效益更高？那麼應該選哪些路口呢？……

　　你發現了嗎？在數據分析看似「硬核」的工作裡，目標管理這項軟技能起到了非常重要的作用。沒有正確的目標，你會再多硬技能，也只能是在錯誤的道路上越走越遠。

　　在職業生涯一開始，你通常只是負責執行某項具體的任務。例如，公司要計算回購率，你就要按照部門提出的要求採集數據、進行計算、出報表。但如果你已經成長為一名資深數據工程師，你最核心的工作就不是採集資料、進行計算，也不是出報表了，而應該是選擇正確的數據指標。

　　所以，在計算回購率之前，你至少要問自己兩個問題。第一，回購率是不是公司、部門或者你最重要的目標？

　　在不同發展時期，公司、部門追求的目標是不一樣的。例如在開拓市場時期，提高流量和轉化率是核心指標，因為要吸引更多新用戶嘛。同理，不同類型的公司，追求的目標也是不一樣的。例如，如果是婚紗公司，提高回購率就不現實，總不能指望客戶們不停地結婚吧？所以你要考慮，從公司當前的發展情況看，回購率是不是你應該追求的指標。

　　第二，如果這是你應該追求的指標，回購率定在多少才是足夠好

的？

　　所有工作都要有明確的可量化的目標，那麼現階段回購率達到多少才是一個好目標呢？20%、50%，還是 80%？這就和公司、產品的類型密切相關。例如，在垂直電商和綜合電商之間，在低頻產品和高頻產品之間，回購率的差異會非常大。

　　這兩個問題直接決定了你的工作方向和工作成果。在整個數據分析行業，目標管理的產物經常被稱為第一關鍵指標，或者目標函數。在人工智慧領域，那些首席數據科學家最主要的任務就是構建一個當下最合適的目標函數。有了目標函數，整家公司或者整個數據部門才能開始業務優化，才能透過數據指導決策。

　　今天我們都在討論數位化，而數位化本質上就是從現實世界到數位的一種映射。我認為撥開現實世界問題迷霧的，不是機率，不是統計，不是公式，也不是計算，而是目標管理這項軟技能，它搭建起了從現實問題到機率統計的橋樑。

———

　　在找到核心目標後，影響數據分析品質優劣的，是你的學習能力。

　　這裡說的學習能力，不僅僅是要掌握本領域、本行業的知識；事實上，職場中判斷一個人是優秀還是卓越的一項很重要的標準，是對常識和邏輯的學習、應用。

　　舉個例子。一九九〇年代，有一種「撫觸療法」，號稱能透過控制人的能量場來治療疾病。具體做法是，治療師將手懸停在患者身體上方，然後閉上眼睛，發力，讓能量從手掌噴湧而出，從而緩解患者的不

良症狀。

這在當時引起了很大的爭議。如果你是一名研究者，你會怎麼證明這種「運轉能量」的治療方法是一場騙局呢？

如果你能想到大規模的醫學試驗，說明你非常專業——大規模的隨機對照試驗可以說是解決這類問題的唯一手段。但問題在於，要招募數百名志願者，對他們進行隨機對照試驗，再比較結果，工程量非常大。更重要的是，治療中的幾項指標，例如精力提升、情緒變化等，評價的主觀性很強，那麼，你要如何設計試驗方案，來剔除安慰劑效應造成的影響呢？

這個看似繁瑣的問題，被一個九歲的女孩艾蜜莉解決了——還在讀小學四年級的她透過一個小試驗，揭穿了「撫觸療法」的騙局。兩年後，十一歲的艾蜜莉在著名醫學期刊《美國醫學會雜誌》（*JAMA: The Journal of the American Medical Association*）上發表了她的成果論文，繼而她被金氏世界紀錄認定為在醫學期刊上發表論文的最年輕的人。

艾蜜莉沒有找接受過「撫觸療法」的治療對象，相反，她在兩年間找到了二十一名聲稱掌握「撫觸療法」的治療師，並發起了一項試驗。

首先，艾蜜莉用豎立的紙板將自己和那些治療師隔開，保證彼此誰也看不見誰。其次，紙板上有兩個小洞，治療師的左右手要分別蓋在洞口。然後，艾蜜莉會通過拋硬幣的方式，決定把自己的手放在治療師的左手或者右手上方，並與其保持一個固定距離，讓治療師感知自己的能量場是來自左手上方還是右手上方。

是不是很簡單？這二十一個人透過二百八十場獨立測試來感知艾

蜜莉的能量場，結果正確率只有 44%，和瞎猜的隨機波動相似。

艾蜜莉在這起試驗中使用的專業知識，隨機對照、簡單抽樣、雙盲等，學過數據分析的人應該都知道。但它們都不是關鍵，試驗的關鍵其實是一條簡單的邏輯推理：如果治療師連病人的能量場都感知不到，就不要談控制和治療了。

《美國醫學會雜誌》評論，他們被這起試驗的簡單性、結果的清晰性迷住了。這就是對常識和邏輯的靈活應用。

基於常識和邏輯的數據分析，在我們的工作中其實很常見。例如，淘寶當初評價商家信用，用到的相關性最好的指標之一，不是很多人以為的好評率，而是旺旺的活躍度。你想想，一個人如果對自己的客戶有問必答，不厭其煩地處理每一筆交易，那他的還款意願和還款能力就沒有理由比其他人低。

再例如，美國一家數據分析公司分析大型超市和商場在某季度的銷售收入時，沒有採用大規模調查的方式，去看上下游供應鏈資料、倉儲或信用卡消費記錄之類的，而是去看停車場的衛星資料。原因很簡單，在美國這種「住在車上」的社會，透過停車場的衛星資料，看看商場停車數量的變化，就能推斷出大型超市和商場的經營狀況。

你可以看到，透過對常識和邏輯的學習、應用，提升自己的洞察力，也能在自己的專業領域做到四兩撥千斤。

以上就是我對目標管理和學習能力這兩項軟技能的理解和分享。沒錯，讓數據工程師之間拉開差距的，不僅僅包括對統計方法的掌握程

度，還包括他們軟技能的實力差異。毫不誇張地說，真正決定一名數據工程師能走多遠、走多高的，是他的軟技能。

不僅僅是數據分析行業，絕大多數工作都是如此。很多時候，軟技能本身就是複雜問題的解決方案。

無論是哪一種硬技能，都有大學專業教育、職業教育等多層次的培養路徑，也有各類專業書可以學習。而軟技能呢？

歡迎來得到 App 學習軟技能，讓軟技能給你的職業生涯，乃至美好生活賦能。

沒有正確的目標，
你會再多硬技能，
也只能是在錯誤的道路上
越走越遠。

第十五封信

若要改變，
先「做實驗」

李松蔚

李松蔚

北京大學臨床心理學博士，中國心理衛生協會家庭治療學組
委員；自由執業心理諮詢師，擁有一萬小時心理諮詢和治療
經驗。

代表作：
《5% 的改變》[1]
《難道一切都是我的錯嗎？》

主理得到 App 課程：
《李松蔚·心理學通識》
《跟李松蔚學心理諮詢》

---

[1]　繁體版《只要改變 5%，生活就有全新的可能：用極其微小的行動，打破慣性
和困局》，2023 年，幸福文化。

親愛的讀者朋友：

見字如面。

信的開始，我想跟你分享我在公眾號「李松蔚」上做的一個小嘗試。

我是一名心理諮詢師。我的很多讀者會把自己生活中的一些困惑寫成問題發給我，希望得到我的解答。

如果你對心理諮詢師的工作有一定的瞭解，你應該知道，心理諮詢師能提供的回答，只是一些你已經聽過的大道理，也就是所謂正確的廢話，而不是能一針見血解決問題的秘方。

生活中遭遇困惑，真正的挑戰其實在於我們是否可以改變自己。道理講得再好，它又不是我的，我沒法真的按照那樣一種方式去生活。

所以我想，如果要幫助這些提問的人，必須讓他們在接下來的時間裡做點什麼，嘗試一些不一樣的東西，體會不一樣的自己。

於是，我做了一個實驗：給這些提問的人回信，講我對他們問題的理解，然後再布置一個任務，請他們在未來一周採取一些行動，並回信告訴我行動之後發生了什麼變化。既然是實驗，我也接受沒有變化，甚至他們根本沒有完成任務也是實驗的一種結果。幸運的是，大部分來信者都回饋了積極的改變。我把其中一部分案例整理成了一本書，叫《5% 的改變》。意思是，你的一個小行動，也許會帶來一個大不一樣

的自己。

很多人問我：這些行動是怎麼設計出來的？這就是我作為心理諮詢師的一項軟技能——我先看到一個人的問題是怎麼重複的，再請他做點不一樣的事；這一點點的不一樣就會打破他的慣性，讓他獲得新的體驗，對自己的問題產生不一樣的理解。這種理解不是道理層面的，而是由新的自我覺察帶來的，它會變成這個人自己的思考、感悟和行動。

我的這項軟技能可以概括為一句話：拿自己做個實驗。我認為用這種方式改變一個人能起到事半功倍的效果。接下來，我就把其中的幾個要點分享給你。

第一點叫作主動性。拿自己做實驗，這是一個任務。布置給對方，是要他主動去「做」的。只有主動，他才會有參與意識，有掌控感。

想想看，你在生活中聽多少人說過這句話：「我也不知道怎麼回事，就像著了魔一樣。」這是失控的感覺，他覺得「身不由己」。你在這種情況下給他提建議，建議再好也沒有用——他並不認為自己有能力控制自己。

曾經有一個女生向我提問，說她控制不住自己暴飲暴食。在她希望透過節食來改變體形的時候，暴飲暴食這種行為就會「自動」找上門來。她對此非常沮喪，也更加厭惡自己了。可她為什麼控制不住暴飲暴食呢？正是因為她強烈的自我厭惡情緒。在心理學中，這叫「情緒性進食」，吃東西對她來說是調節情緒的工具；情緒越強，就越難以克制對進食的渴望。你看，本來想自控，反而帶來了進一步的失控，這是一個

惡性循環。

所以，雖然她想要的建議是怎樣讓自己少吃一點，但如果我真的往這方面設計任務，結果只會重複她往日的迴圈。所以我把任務的方向變了：我請她在下一周什麼都不用改變，繼續保持暴飲暴食的狀態，只是把其中一次暴飲暴食換成「主動」的。也就是說，她可以想吃多少就吃多少，只是其中一頓飯要精心策劃一下，挑一個她喜歡的日子——可能是週五，叫上三五好友，大家一起吃好吃的，把自己吃撐。吃到什麼程度呢？她說每次暴飲暴食都會吃到十二分飽，我就請她這次也主動吃到十二分飽。

你可能會想，這有什麼用呢？這跟她平時的狀態一模一樣，一點都沒少吃啊？不是的，變化就在於她有了一點主動性。她平時暴飲暴食完全是情緒崩潰之後的失控，完全是被動的。但這一次是她精心策劃的，在喜歡的場合，跟喜歡的人在一起進食。

一周後，她給我回信：「李老師，我嘗試做了，但沒有做到，因為我甚至都不知道自己喜歡吃什麼，我需要一些時間想一想。」——你發現了嗎？她開始獲得新的體驗了：她吃過那麼多東西，卻從來沒想過自己喜歡吃什麼！因為在她過去的經驗裡，吃東西是一個被動觸發的「問題」；當她嘗試主動去做時，她就開始從另一種角度感受食物對自己的意義了。

雖然沒有成功完成這次策劃，但她說在那一周感到自己暴飲暴食狀態有了一些鬆動；吃東西的時候也沒有過去那種特別強烈的罪惡感了。

幾周後，她又來了一封信，說她終於做到了：她策劃了一次暴飲

暴食的活動，吃得很爽。而這周其他時間，原來強烈的進食欲望消失了。她對自己還有了一些新的感受，例如她開始更喜歡自己了──就算保持微胖的身材，也可以把自己打扮得漂亮點。

你看，一點小小的主動性，就可以帶來這麼大的變化。

講完主動性，我們再來說第二點，這個實驗的內容是什麼？很簡單，在一個人過去生活的基礎上，加入一點非常微小的變化，而且這點變化必須是他有能力做到的。

「有能力做到」，這好像是一句廢話，但如果我們太關注「變化」，就經常會把「他有沒有能力做到」這個問題忘掉。例如，一個人想健身卻始終啟動不了，你請他下周去一次健身房，做二十分鐘熱身，那他多半不會去。

這不是他的問題，是你給的任務不對──他本來就沒有這個能力。你說：「二十分鐘熱身而已，有什麼難的？」那只是對你不難，對他來說，他過去的問題就是沒辦法啟動，怎麼可能因為你的一個任務就平白無故地解決呢？

「變化」和「有能力做到」，這是一對需要權衡的矛盾。原樣重複過去的生活，就沒有實驗的意義；但假如你要求的變化超出了過去的框架，無論當事人有多麼想完成這件事，那都只能是一個不切實際的幻影。

所以，要去探索那個「剛剛好」的尺度，有時還需要開一點腦洞。對於前面那個健身困難的人，我會建議他下周給自己定一段「打算用來

健身」的時間，但不用真的去；只要定一個鬧鈴提醒自己，鬧鈴響了就
關掉，還是可以躺在沙發上，只是在心裡說一聲：這是我的健身時間。
這樣的任務，我基本上有把握他能做到——因為除了「鬧鈴」這一點
點變化，其他一切都跟他過去的生活沒有差別。

同樣，有人給我寫信，說他總是控制不住對孩子發火，想嘗試控
制自己的情緒。如果我回復他，你就控制一下情緒唄，那我就把前面說
的「變化」和「有能力做到」這對矛盾拋棄了——要是能控制住，還
來問我幹嗎？

我對他說的是，實在控制不住就算了，但是每次發完火之後，你
要做一件力所能及的事補償一下，例如向孩子道個歉，說我不是有意傷
害你的，是我的情緒有問題，非常抱歉。這樣，孩子至少知道這件事不
是他一個人的錯，感受到的恐懼也會少一點。

這就是一個變化：如果做不到控制脾氣，發完火之後補救一下總
可以吧？有人說，我覺得道歉也有點難，張不開口。好，那就再簡單點：
什麼話都不用說，給孩子倒一杯水。並且提前跟孩子說好：我表達歉意
的方式就是倒杯水。這件事雖然很小，但它也是一個新的變化。

這麼小的變化，真的能解決問題嗎？千萬別忘了，我們的目標從
來不是解決問題，而是做個實驗。這是我要講的第三點：這件事有沒有
結果不重要，「做」的過程本身更重要。只要在行動，這個過程中就會
有新的體驗產生。

關於這一點，我有一個特別有趣的案例。

一個年輕人給我寫信，說她在家待了大半年，遲遲不寫簡歷找工作。她每天都想動筆，但因為實在太焦慮了，一個字也寫不出來。簡歷雖然不需要多少字，但寫出來是要交給別人去評判的，所以特別容易讓人有壓力。

我給了她一個建議：不用真的追求簡歷的結果，只要寫就可以了，每天只寫半個小時，到點就停。

怎麼保證「不追求結果」呢？很簡單，請她每天都把當天寫完的東西刪掉。對，就是讓自己體驗「在寫」的感覺，寫成什麼樣都沒關係，反正都是要刪掉的——這樣就不用承擔寫完之後（被評判）的壓力了。

她開始嘗試。頭幾天還有點勉強，寫到後來寫順手了，半個小時都打不住，忍不住要延長時間，把手上這段寫完再停。唯一的問題是她刪的時候有點捨不得，覺得自己好不容易寫了這麼一段，無論品質如何，都不想刪掉。最後她想了一個「作弊」的方法：刪除，但是不清空回收站。

她就這樣堅持了七天，每天寫一個片段。七天之後，她把回收站裡的檔找回來，拼成了一份完整的簡歷。

你看這是不是很好玩？她寫簡歷，不用真的為了「得到」一份簡歷的結果，而是體驗「寫」的過程；哪怕看上去成果為零，這個過程也能讓她發生改變。

透過行動獲得新的體驗，這常常是現代人的一個盲區。我們算得太清楚了：「有啥效果？」、「成功機率有多大？」、「性價比高不高？」「萬一失敗了怎麼辦？」這些都是大腦層面的思考。我們習慣了用「思考」解決問題，讀書、查資料、聽課……希望這樣就可以給自己的問題

找到一個答案。

實際上，我們也可能是在用「思考」的方式逃避問題。比起直接面對問題，坐下來慢慢地思考、分析、推理，用大腦模擬問題的解決過程，是安全的、無痛的。我們害怕跟真實的問題短兵相接，於是把大量的時間、精力花費在一個無痛且安全的過程中。而當你真正投身行動時，你會收穫完全不一樣的感覺——可能是興奮，也可能是挫敗。但有一點是確定的：在行動的過程中，每一點新的感觸，都會讓你對自己多一點認識。

在這些任務中，行動不是為了有結果，它就是你用來探索自己的一個實驗。

對，我認為實驗是沒有所謂成功或者失敗一說的，無論什麼結果都是好結果，都增進了我們對這個世界的認識。同樣，透過這些小小的任務，你也會增進對自己的瞭解。你可以帶著這種態度，把每一次行動都當成一次自我探索，而不見得非要得到什麼結果。

好了，我的秘訣就分享到這裡，簡單做個總結。要透過一個小小的任務促進自我改變，這個動作有三個特點：第一，必須是「主動」做出來的；第二，要有一點微小的變化，而且這個變化是當事人有能力做到的；第三，不要片面地追求結果，而要去體會「做」的過程，增進對自己的認識。

最後，咱們趁熱打鐵，來做個練習：

前不久，我收到一封來信，一個讀者說她在準備考研究所，每天

要複習的內容有很多，但她狀態時好時壞。好的時候能一連學習六、七個小時，但最多堅持幾天就會很疲憊，接下來又變成了每天浪費時間。

如果她想嘗試改變，你會建議她怎麼做呢？

你可能會說，我要安排一個實驗：第一，讓她在完成的過程中有主動性，有可控感；第二，跟她過去的生活有一點區別，她又有能力做到——所以不能是讓她每天堅持學習多長時間，因為她明確表達過自己並沒有把握堅持下去；第三，因為她認為自己是一個缺乏自律的人，所以要讓她在完成這個任務的同時，增進對自律的認識。

我說說我的想法。

我想請她定一個雷打不動的「下班時間」，例如每天下午三點。時間到她可以玩手機、看劇、見朋友、做家務，甚至發呆、自責……什麼都可以，就是不能學習。

你可以算算，她狀態好的時候，從早上起床到下午三點，可以有六、七個小時的學習時長；如果不小心把上午的時間浪費了，約定的時間到了之後也必須休息。這個任務她是有能力完成的，因為跟她過去的節奏沒什麼顯著差異。同時，這個任務帶來的體驗又會跟以往有細微的差別，因為她要在特定時間「主動」限制自己不學習。如果成功堅持下去了，她就會從另一個角度體驗到「自律」；如果做不到也很好，因為那說明她控制不住自己對學習的渴望。無論結果如何，她身上都發生了一點小小的變化。

這是我想到的一種方法。你還有什麼別的建議嗎？不妨再想想看。

行動不是為了有結果，
他就是你用來探索自己的
一個實驗。

李惠貞

第十六封信

領導團隊，
需要什麼軟技能

李希貴

李希貴

著名教育家，北京第一實驗學校校長，中國教育學會副會長，新學校研究會會長。

代表作：
《學校制度改進》
《學校如何運轉》
《為了自由呼吸的教育》
《面向個體的教育》
《家庭教育指南》
《重新定義學校》

親愛的讀者：

願你近來一切安好。

我寫這封信給你，是應羅振宇老師的邀請，來和你聊一聊領導者的軟技能。

一個剛剛開始領導職務的人，總是躲不開這樣的難題——手上明明有十幾個人、七八條「槍」了，但不少員工缺乏工作激情，一味被動應付，沒有權力的威儡，就以為主管軟弱可欺；而許多新生代員工對權力並不買帳，這又使主管不敢過於依賴管理；而且，上下關係、外部環境都不盡如人意。身為領導者的你並沒有感受到成就感，還常常陷於苦惱之中。

過去，我總認為此事可以無師自通。近年來，作為一個有著四十年管理經驗的過來人，我開始有了一些反思。我從自己的成功經驗和失敗教訓中抽取出了一些可以嫁接、遷移的知識，也許可以給管理學理論做一些注腳，從而能夠幫助在領導者的職務上陷入困境的青年人。

如果你剛進入職場，覺得領導者的困境離自己很遠，請別著急翻頁——那個身為領導者的「你」正在前方等待著，帶走信裡的方法、知識和經驗，也許你就可以先人一步抵達它。

（未來的）領導者，準備好了嗎？我最先想告訴你的是一個簡單的事實：無論是學校教育、家庭教育還是社會教育，很大程度上都在解

決同一個問題，就是關係——人與社會、人與自然、人與歷史、人與
未來，當然還包括人與自身的關係。既然我們願意在關係的培養上花費
如此心血，也從另一個角度說明了它在未來社會中的地位。正如馬克思
所言，人的本質是一切社會關係的總和。

　　說到這裡，你可能已經明白了我的意思：**如果讓我用一句話來概
括領導者最為重要的軟技能，那就是構建關係、調整關係和管理關係的
能力。**接下來你需要用心用力的地方，就在這裡。

　　一談到關係，你可能首先想到的是人際關係，這當然最為關鍵。

　　早在二○○一年，加拿大著名學者麥克‧富蘭（Michael Fullan）
就說過，「領導者必須是完美的關係構建者，可以與不同的人和群體構
建良好的關係」。當然，富蘭這句話我們只能信半句，因為我們不可能
也沒有必要成為「完美的」關係構建者，但是「與不同的人和群體構建
良好的關係」的確是一位領導者必備的能力。

　　由於世俗文化將「關係」這個詞玷污了，因而我們經常對此左右
為難。一方面，我們很排斥它；另一方面，在現實生活中，我們又離不
了它。其實，無論查閱哪一部詞典，「關係」都是一個中性的詞條，意
思是人和人或人和事物之間相互作用、相互影響的狀態。用不著向任何
人求證，我們內心對此都十分了然。我們排斥它，主要是因為現實生活
中許多人在用它謀私利，甚至用它做一些見不得人的勾當。

　　那好，只要把握好這一點就夠了：不要用關係去做那些你看不起
的事情。構建關係，經營關係，為你認為值得追求的目標整合資源、集

聚力量，這是一件很高尚的事情，值得你去做，甚至要有謀劃地去做。

　　人際關係的構建方法當然不可勝數，在這裡，我只想告訴你一個我一直在使用的工具，就是馬斯洛的需求層次理論。

圖 16-1 馬斯洛需求層次理論

　　關心對方的個人需求，永遠是與其建立良好關係最有效的途徑。因此，我建議你列印一些馬斯洛的需求層次理論，你近期面對的每一位關鍵人物都要有專屬的一張。在這個呈金字塔狀的模型理論上，你要定期研究那些關鍵人物不同的需求，在生理的、安全的、歸屬的、被尊重的和自我實現的五個層次的需求中，找到某一位關鍵人物最迫切或最重要的需求。

　　這下你就明白了，為什麼有些員工特別喜歡你送給他們的專業書，

因為他們最重要的渴求是專業成長，有的是希望突破自己的學術高原期，有的則是希望在組織中快速成長以站穩腳跟。為什麼有些員工對你送的專業書沒有那麼如饑似渴，因為他們有人正在為自己的家人找不到工作而焦慮，有人媽媽大病初癒，拖欠的住院費是他當下的心病。當然，有些員工則有「需求併發症」，一方面，他們有很多最基本的生理和安全需求，還在為房子、孩子的事煩心；另一方面，他們已經有一定的學術地位，但還在為缺少自我實現的平台而躊躇彷徨。

你沒有三頭六臂，更沒有神來之手，你不可能滿足他們所有的需求，請注意，他們壓根兒就沒有這樣的苛求。你只要盡自己和組織所能，竭盡全力就夠了。但你必須把每一位關鍵人物的那張「需求金字塔」裝在大腦裡，因為許多今天不能辦或辦不了的事情，說不定明天就能辦了；到那時候如果你忘了，後果就會不堪設想，畢竟對方是永遠不會忘的。而且，每個人的需求都會時移世易，他們的「需求金字塔」不會像埃及金字塔那樣亙古不變。

當然，你不可能在短期內做那麼多滿足對方需求的大事，大部分時間裡，還需要採用一些「短、平、快」的方式。例如，找一找你與對方的共同愛好。不要以為嫻熟的藝術或體育技能才算愛好，其實都喜歡哈耶克、凱恩斯也算，都崇拜柯比或熱愛阿那亞小鎮，都願意喝生普洱或穿七分褲，這些都算。

對一般人而言，這些只是普通愛好；但對你來說，它們有著別樣的意義，因為它們已經演變為對方的歸屬感、被尊重甚至自我實現的需求，通過你的關係構建，對方會在自己身上貼上一個新的價值標籤，從而和你產生不一樣的關係連結。

　　建立關係的方式真的很多，而且根據每個人不同的情況會千奇百怪，有些方式甚至很無聊，但卻真的很有用。

　　此外，我還是忍不住要提醒你，與每一位關鍵人物建立關係的要害，是想辦法找到那些對你來說真正關鍵的人物。這一步做不好，後面的許多工作都可能事倍功半。當然，每個時期你的關鍵人物是會變化的。

　　我還想和你談談人和組織的關係。

　　這部分包括兩個內容，一個是員工和組織的關係，另一個是你和組織的關係。根據我的揣測，目前你更關心的是前者。在員工和組織的關係中，最重要的是理清團體目標與個人目標的關係。

　　初為管理者，你最放不下的是團隊目標，不敢辜負上級主管的信任，不想讓同事失望，更想證明自己。然而，如果你的團隊成員無法從這些目標裡找到自己的利益，他們就沒有多少理由為之獻身；無論你認為團隊的目標多麼高尚、多麼迷人，那都只能是你自己的目標。

　　從接手團隊開始，你就要研究個人目標與團隊目標的交集。也就是說，一旦團隊目標達成了，個人會得到哪些利益，包括物質的和榮譽的。它們的交集越大，團隊的凝聚力就會越強，團隊目標的動員能力也必然會越強。如果你殫精竭慮都找不到這樣的交集，就需要高度警惕——你可能還沒有真正理解團隊目標的內涵，或者你對團隊目標的設定有問題。對領導者而言，弄清個人在團隊目標中的利益，特別是物質利益，十分重要。

　　請注意，個人目標不是籠統的，而是團隊中每一個人的。他們的

目標極有可能各不相同，甚至互相排斥；但即使如此，你也有必要把每一個關鍵人物的個人目標釐清，尤其是他們最為在意的那些。

員工和組織的關係就說到這裡。至於你和組織的關係，對於一名領導者來說，這個其實更為重要。

當處在較低管理層級時，你無法俯視組織本身，不太可能跳出組織審視組織，對長期存有的組織病往往不知所以。隨著管理層級的提升，你必須改變視角，從那些重複發生的問題裡尋找組織結構或者制度機制的病根，從而通過調整組織結構和制度機制來解決問題。

有人說，如果你把一些好人放進一個有缺陷的組織裡，很快他們就會變成一群相互指責的壞傢伙。馮侖有一句話說得更狠，「企業家不能光換老婆，不換組織」。我們經常提到，「能用結構解決能用結構解決的問題，就不用制度；能用制度解決的問題，就不靠開會」，說的就是這個道理。

有了這樣的視角，就不可就事論事，死盯問題本身，而是要看一看問題背後組織的結構和制度有沒有調整的必要與可能。

先舉一個結構例子。過去你還是一個銷售總監的時候，經常為大量積壓的商品和車間倉庫管理員發生衝突。儘管你們的私人關係不錯，但你們隸屬不同部門，倉庫管理員得聽車間主任的，他對市場的感知當然不會和你同頻。現在，你升任公司總經理了，就不可把精力放在調解二者的矛盾上，而應該把倉庫的管理權劃歸銷售總監，從而引導車間的生產直面市場。透過調整組織結構，從根本上解決了一個沉屙痼疾。

再舉一個制度的例子。你初為基層管理者的時候，只能感受到制度的權威，僵化的制度經常讓你感到無力。但當你走上更高的管理職務

時，就需要不時審視已有的制度體系，看看哪些制度需要廢除、哪些需要修改、哪些需要增加。譬如，公司某一個團隊缺乏成本意識，花錢大手大腳，行事過於鋪張，批評、教育也沒什麼效果，**這時候，最好是尋求制度的幫助，把這樣的團隊變成一個獨立的核算單位，甚至變為一個利潤中心，讓他們自己吃自己的肉，自己喝自己的湯。這樣做往往會產生很好的效果。**

你可能已經發現了，當你嘗試處理你和組織的關係時，其實就進入了一個較高的管理境界，系統思考和降維破解難題的能力將大幅提升。

我當然還要和你談談人與資源的關係。

有人說，關係就是生產力，我同意這種說法。每一位領導者都必須重視和資源的連接，人員、設備、環境、原料、機制都是資源，連接哪些以及如何連接，取決於你的目標。

我想提醒你，所有的關聯資源都應該是結構化的。

譬如你的朋友圈，按照英國學者鄧巴的理論，一個人的核心關係不過三十個，儘管你的通訊錄好友已經成千破萬。如何確定核心關係？不可隨遇而安，要依照自己的目標進行梳理。作為公司的產品主管，如果你確立了一個反覆運算新產品的目標，那麼，把那些過去認識但來往不多的產品大咖作為重點管理的朋友就非常必要；作為一位中學校長，如果你想提高升學率，那麼，有意接觸並重點管理那些命題考試專家，就可以防止日常教學走偏，有助於實現目標。

當你的朋友圈能和你一段時間內的目標有機連接時，你的關係資

源才是符合結構化特徵的。一開始，你的朋友圈可能有明顯的缺失，在你認為很重要的目標上，你並沒有積累什麼資源，而這就是你下一步要發力的地方。

還有，作為領導者，你最應該弄清的是你手頭最有價值的資源是什麼，以這樣的資源，你可以到社會上贏得哪些你需要的資源。這當然也需要結構化思考，圍繞目標，梳理連接的人員、設備、環境、原料、機制。以手頭的朋友可以連接更需要的朋友，以你的軟技能可以換取對方的硬體設備，以你的誠心誠意可以贏得良好的發展環境，如此等等。總之，當你圍繞目標連接資源的時候，你就完成了結構化的過程。

━

再來看人與環境的關係。

我們都希望有一個始終適合自己發展的外部環境，這樣的想法可以理解，卻不可奢求，常態往往不盡如人意。

在外部環境裡，最重要的就是你和上司的關係。表面上看，你在這一組關係中並不處於主導地位；但當你試圖改善這種關係時，你又必須保持主動性。在這裡，我給你的建議是，找到上司的目標，圍繞上司的目標謀劃自己當下的工作哪些能與之結合。對，幫助上司實現目標從而贏得上司，永遠是一個事半功倍的做法。不要像大部分人那樣，朝思暮想的都是自己的理想、抱負，見到老闆就喋喋不休，不是要資金就是要政策，時間長了，有些老闆就會躲著你，甚至拒絕你。

還有一個常常遇到的情況是，「萬事俱備，只欠東風」。所有的條件好不容易都湊齊了，不想就差最為重要的一項。於是，等待、落寞、

抱怨，似乎整個世界都欠你許多，你也就陷入了一種消極鬱悶的狀態。

以色列有一個廣為人知的信條，叫作「限制激發創新」。一個全世界最乾旱的國家，從一九六四年就有了滴灌技術；淡水資源稀少，讓他們在海水淡化及水資源循環利用領域處於全世界最為領先的地位；石油、煤炭資源貧乏，讓他們成為世界上使用太陽能最全面和領先的地區。

「限制激發創新」的背後，包含著一個解決問題的邏輯，就是內歸因。有一句話說得好，「從自己身上找問題，一想就通了；從別人身上找問題，一想就瘋了」。找到自己可以改變的因數，專注於改變自我，也許這樣別人才會改變。

當然，人和環境的關係還包括很多，這取決於你處在什麼位置。如果你是公司的中層領導者，跨職能部門的協調可能讓你苦惱；如果你已經到了公司的 C 位，對外部環境的管理就會成為你最大的挑戰。無論如何，找到對方的目標並與之協同，還有積極改變自己，才是關係構建的靈丹妙藥。

最後，是你和你自己的關係。

作為領導者，你本應是理性的，但因為你同樣是血肉之軀，就同樣有著人性的弱點。在所有這些弱點中，貪欲、自負和偏見最容易給你帶來困擾。這時候，你就需要那個理性的自己去戰勝那個魔鬼的自己。

學會放棄，是戰勝貪欲的有效工具，也是與自己和平相處的基礎。因為我們什麼都想要，所以我們經常陷入工作忙亂、生活無序的狀態，而且往往不能自知。把這樣的狀態帶到組織裡，就會給團隊帶來混亂。

英國領導力專家布布萊恩‧克雷格（Brian Clegg）曾說，「最成功的人是那些不斷努力減少自己工作量的人」。當然，真正能夠減少自己工作量的人，一定是敢於放棄的人。放棄一些利益，放棄一些權力，放棄一些榮耀，甚至放棄一些目標，都會讓你的工作和生活變得更加從容。

反思能力對領導者來說不可或缺，它是讓你不斷刷新認知，防止自我膨脹的良藥。美國著名心理學家波斯納（MichaelI.Posner）曾經提出一個著名的公式：**成長 = 經驗 + 反思**。後來，人們加以發揮，提出了一個新的公式：**知識 = 經驗 × 反思 [2]**。相較前者，後面這則公式更強調反思的價值——為什麼有些人一輩子都在從事某項工作，到最後也沒有成為這個行業的專家？因為他們只是在複製工作前幾年的經驗而已。有些人則不同，他們「終身成長，從未長大」，不斷通過反思，使自己的每一個人生階段都有不同的活法，所謂百尺竿頭，還能更進一步。於是，他們最終成了領域內的翹楚。

反思，其實就是調整你和過去的關係，當然，它也會重構你和未來的關係。

我們經常說，一個人就是一個公司，你的任何決策都不僅僅和你自己有關。所以，在處理那些你認為「嚴重私人化」的事項時，你也要重新思考自己和它的關係，防止長期的自我封閉帶來偏見。這也是我主張每個人都需要構建「個人董事會」的原因。

所謂「個人董事會」，其實是一個藏在你內心的虛擬單位，由幾個關鍵人物構成。一般來說，必須有一位你目前從事的行業的頂級人物，這可以讓你看到制高點；如果這樣的人物可望而不可即，你可以透過書籍和媒介與之對話。忘年交也必不可少，作為年輕人，我建議你交

往一、兩位比你年長十幾歲、二十幾歲的智者，他們的工作乃至人生經歷可以讓你少走彎路。投資界或者媒體圈的朋友，也是「個人董事會」的重要成員，因為工作原因，他們掌握了許多行業和組織的秘笈、訣竅，也許可以從那些不同的盈利模式和核心競爭力中受到啟發。董事會的另一些成員則可以根據你所從事的行業以及一定時期的戰略目標隨時調整。

《傲慢與偏見》中有一句話很值得玩味，「傲慢無法讓別人來愛我，偏見無法讓我去愛別人」。我認為，這不僅僅是提醒青少年的警句，也是每一個走上領導職務的人都應該深銘肺腑的鐵律。

在以上的介紹中，我沒有刻意地把構建關係、調整關係和管理關係分開來說，因為它們本身就是渾然一體的。如果一定要我分別說一說，我最想告訴你的是，調整關係對你來說可能難度最大；圍繞不同階段的組織或者個人發展目標，對關係分別進行管理，做到有所取捨，可能需要你建立自己的行事準則；當然，前提是你必須有篤定的價值觀。

最後，我想把《掌握人性的管理》這本書中的一句話送給你。作者玫琳凱・艾施原本已經從一家化妝品公司退休，但她不甘寂寞，又意氣風發地創辦了一家全新的公司，打造出了全球著名的玫琳凱品牌（Mary Kay）。她在書中告訴我們，如果用一句話概括她的管理經驗，那就是「讓每一個人都感覺自己很重要」，以此和你共勉。

領導者最為重要的軟技能，那就是構建關係、調整關係和管理關係的能力。
「讓每一個人都感覺自己很重要」。

李錦裳

第十七封信

從事科學研究，
需要什麼軟技能

王立銘

王立銘

加州理工學院博士，深圳灣實驗室資深研究員，為公眾長期追蹤生命科學與現代醫學的最新進展。

代表作：
《王立銘進化論講義》
《笑到最後》
《上帝的手術刀》
《生命是什麼》

主理得到 App 課程：
《王立銘・生命科學 50 講》
《王立銘・進化論 50 講》
《王立銘・病毒科學 9 講》
《王立銘・巡山報告》
《王立銘・憂鬱症醫學課》
《眾病之王的解決方案》
《給忙碌者的糖尿病醫學課》

讀者朋友們好：

　　我叫王立銘，是一名神經生物學家。這次寫信給你，是想和你聊一聊科學家身上的軟技能。

　　可能在很多人眼裡，科學家是最不需要發展軟技能的一群人——科學家的工作是研究自然世界的各種現象和現象背後的規律；現象有就是有，沒有就是沒有，規律說是 A 就絕對不是 B，堅硬得很，哪有什麼「軟」可言？相應地，科學家就應該是一群不講人情世故、靠邏輯和數據指導行為的人。

　　這麼理解，我覺得對，也不對。在處理科學問題時，科學家確實應該如此；但科學家也是人，是人類共同體中的一員，要想順利開展工作，勢必要和共同體中的其他成員建立聯繫、交換資訊、開展合作。

　　這時候，我們工作的對象就不是冷冰冰的自然世界，而是熱熱鬧鬧的人世間了。照搬原先的方法論，肯定是要出問題的。

　　結合我自己的工作經歷，我發現科學家身上比較容易出現這樣兩類問題：

　　第一，「專業的詛咒」，它說的是默認溝通合作方和自己一樣，是相同領域的專業人士，有類似的知識基礎，於是張口就是專業術語和技術細節。

　　第二，「理性的束縛」，是指默認溝通合作方和自己三觀相似，

例如，雙方都強調理性大於感性、重視邏輯超過情緒，都認為只要事實、道理站在自己這一邊，別人就會心服口服。

科學家群體之所以會給人留下「死板較真」的印象，很大程度上就是「專業的詛咒」和「理性的束縛」在作祟。如果這兩個問題也讓你感到困擾，接下來的兩條行動建議，請你一定收藏好。

第一條建議針對的是「專業的詛咒」。其實不光是科學家，有研究表明，我們對某件事瞭解得越多，把它教授給其他人的難度就越大，因為我們很難回到初學者的心態去理解別人學習的過程。

我的解決方案可以用一個關鍵字來概括：高級外行。**把這個關鍵字「貼」在對方的腦門上，能幫你建立起溝通交流的對象感。**

為什麼？科學家的主要溝通對象，無論是本領域的年輕學生、跨領域的專家、跨行業的合作者，還是對科學感興趣的普通大眾，雖然知識積累的方向和深度各有差異，但還是有一些相似的地方。例如，學習能力都不錯，在自己的專業範疇內也有一定的積累。這些人就是所謂的「高級外行」。

這個標籤具體有什麼用呢？我們把它拆開來看看。所謂「高級」，指的是對方有較高的認知水準，渴望學習新鮮事物。既然如此，我們只要把計畫討論的東西進行合乎邏輯的拆解——目標是什麼，路徑是什麼，ABC 方案如何評估優劣和可行性，等等——對方就一定能跟上。

說到底，生物學家說「A 蛋白透過影響 B 蛋白刺激了細胞繁殖」，和基金經理說「終端消費透過影響上游生產刺激了經濟活動」是一回

事，都是幾件事情之間的因果關係；化學家說「A 物質和 B 物質只有在壓強超過 X 帕時才會發生合成反應」，跟小吃店老闆說「週末早上生意不好，因為我的主要顧客都是坐地鐵的上班族」也是一回事，它們本質上都在討論事情發生的必要條件。

至於什麼是「外行」，很好理解：對方雖然認知和邏輯能力在線，但他所具備的專業知識和我們的很大機率不重疊。所以，跟對方溝通我們熟稔的那些技術細節、概念原理時，要提前做好鋪墊和講解。

就拿前面舉的例子來說，「A 蛋白」和「B 蛋白」，「終端消費」和「上游生產」，「壓強」和「合成反應」——如果以一種完全不加解釋的、高頻率的方式使用這些詞，那這幾個生物學家、基金經理、化學家和小吃店老闆是根本沒法聊天的，不打起來就不錯了。

在我看來，「高級」「外行」兩個詞合起來，就是科學家和外部世界交流的理想姿態。社會分工如此細化的現代社會，科學家並不天然高人一等（當然也絕不應該自慚形穢），只是我們碰巧在科學這個相對有大眾話題性的專業領域有長期積累而已。我們同樣應該假設，自己的溝通對象在某個學科領域、某個專門職業、某個興趣愛好中也有類似深度的積累。雙方先把基本的邏輯鋪陳清楚，就可以為對方補充知識盲區了。

　　■

我的第二條建議是針對「理性的束縛」這個問題的。

日常工作中，科學家在反覆訓練放棄主觀的情感和傾向、只依靠事實和邏輯來得出猜想和結論的能力。從大學到博士，再從博士到拿到

教職，我們的每一次數據分析，每一篇論文發表，都在強化這種理性主導的工作模式。

道理也很簡單，自然規律不以人類意志為轉移。如果做不到絕對客觀和中立，就很容易被自己的傾向帶偏，甚至會為了滿足自己的傾向，不惜扭曲數據造假。在科學探索的歷史上，類似的教訓實在是太多了。

但前面我們也說了，這套已經形成肌肉記憶的工作模式，如果被應用到人和人的關係上就會出問題，因為人是有情感、有傾向、有愛憎的。我自己經常有這樣的體驗：已經拿出證據證明是對方的錯了，為什麼對方不僅不認錯，還惱羞成怒了？明擺著收益大於風險的事，你們為什麼就是不願意一起做，反而要去做沒價值的事情？我表達了真實且客觀的看法，為什麼大家就當沒注意到？……

如果你也有這樣的困惑，我的建議是「揚長避短」，建立起自己的溝通方法論。這個建議同樣得拆開了用。

先說「揚長」。既然專業訓練帶來的肌肉記憶是強調理性、講究邏輯，那我們就得找能發揮這個優勢的場合。例如說，一群朋友計畫結伴出行，並且有三個備選的目的地，但有點拿不定主意到底去哪裡，這時如果有人能站出來，按景點品質、出行難度、旅行成本這三個最重要的因素，給目的地做個簡單的優劣勢分析，可能很快就能幫大家做出選擇。再例如說，親戚朋友在猶豫要不要買重大傷病保險，因為覺得自己身體不錯，花這錢有點虧，這時如果有人能做個反事實思考，幫他分析一下如果真的患病但沒有保險依靠，自己的家庭收入能否支撐，也許就能幫他做出合理的決定。

你可能已經注意到了，這兩個假想的例子完全不涉及專業知識的積累——你不需要對幾個旅遊景點有深入的研究，也不需要專門學過保險，你的理性和邏輯能力會在必要的時刻「跳出來」幫助你。**相信我，日常生活看似平淡無奇，其實有的是地方能用上理性和邏輯。**

再說「避短」。我們應該認清的一點是，科學家這群已經被訓練得客觀、中立、理性、講邏輯的人，想要在某些場合切換成人見人愛的交際花並不現實。我在生活中確實見到過少數長袖善舞的科學家，但更多的人是強迫自己開玩笑、拍馬屁、接地氣、炒熱氣氛，結果表現得非常刻意，甚至有些不倫不類。既然如此，還不如直接承認自己的能力邊界，不要強迫自己越界。

當然，你可能會有擔憂：在人情社會裡，總是拒人於千里之外也不是辦法，還可能會破壞自己在老闆、同事和同行心中的形象，影響自己的職業發展。怎麼辦？

這的確是個很現實的問題，不過它的影響可能並沒有你想的那麼嚴重。說到底，作為專業人士，科學家在絕大多數情況下面對的都是自然現象和自然規律；即便是跟人打交道，大部分也是以前者為基礎的。例如，你需要和一個專家談合作，或者向領導申請一筆研究經費，基礎仍然是你的科研成果，而不是你在非工作場合有多麼長袖善舞。

做好自己的工作，把對方當成高級外行，不卑不亢地溝通，你可能就已經完成了 99% 的任務，剩餘 1% 完全由人情驅動的部分，真的沒有也沒關係。

還有，每個人的時間、精力都是極其珍貴的。如果你已經被訓練成了傳統意義上的「科學家」，還要強迫自己在非工作場合也「如魚得

水」，你就需要投入大量的時間、精力去學習一種你完全陌生的技能，這反而會影響你發揮自己的長處。說到底，「揚長避短」本身就是在想法子把我們有限的時間和精力，投入到我們更擅長的地方。

—

親愛的朋友，我在這封信裡為你介紹了科學家身上的軟技能，但到這裡你應該已經發現了——它不僅適用於科學家，也適用於所有靠專業技能吃飯的職業群體。

總結一下。這些群體在自己的專業領域有深入積累，也形成了相對理性和講邏輯（或者反過來說，相對刻板較真）的為人處世方式——這對他們的專業工作來說是必要且有價值的。但當他們走出小圈子，跟專業領域之外的人交流、溝通、合作時，他們經常會陷入「專業的詛咒」和「理性的束縛」，給人一種「只知道自己一畝三分地的知識，對外面世界一無所知並且毫不關心」的感覺。

應對這兩個問題的軟技能，分別是「高級外行」的對象感和「揚長避短」的選擇性。這兩者都強調，應該更多地發揮自己在邏輯和理性層面的訓練和積累，同時避免被自己的專業知識和人際能力所侷限。

說到底，**擁有一門長期訓練的技藝是難得的禮物，要把它用在能真正解決問題的場合，而不是任由它決定我們能在什麼場合解決問題。**

與你共勉。

專業的詛咒 VS 高級外行
理性的束縛 VS 揚長避短

更多地發揮自己在邏輯和
理性層面的訓練和積累，
同時避免被自己的專業知識
和人際能力所侷限。

王之然

第十八封信

在公家機關內工作，
需要什麼軟技能

熊太行

熊太行

《博客天下》雜誌前主編，心理諮詢師，人際關係洞察家。

代表作：
《掌控關係》
《不完美關係》
《凡人動了心》

主理得到 App 課程：
《熊太行‧關係攻略》
《熊太行‧職場關係課》

各位讀者朋友：

你好，我是熊太行。

我經常接到讀者們的提問：在公家機關內工作，需要哪些技能？如果你對這個問題感興趣，之前可能就有一些簡單的瞭解了：同樣是公家機關的工作，政府機關、事業單位、國有企業的風格氣質很不一樣；不同行業、部門、職務考察的專業能力，也就是我們常說的硬技能，也很不一樣。

至於這本書的主題，軟技能，即便在兩個相距甚遠的工作職務上，也會有相通的地方。所以接下來，我會從四個層級入手，和你聊聊公家機關人員需要的軟技能。

這四個層級，你如果學習過我在得到 App 開的課程《熊太行・關係攻略》，肯定不會陌生，因為它們也是人際關係裡的四種能力：

第一，和自己相處、讓自己內心自洽（與自己相處融洽）的能力；第二，和身邊的人和諧相處的能力，也是很多人認為最重要的人際關係能力；第三，在一個組織內被尊重和獲得發展的能力；第四，應對危機的反應能力和智慧。

先來說讓自己內心自洽的能力。這個讓很多新人苦惱的問題，其

實可以從幾個方面逐一化解：**吃得了苦，忍得了「窮」，關得起門，拉得下臉，讀得下書。**

吃得了苦很好理解：剛進入職場，做的事情比較瑣碎，有的人可能還要到鄉鎮、基層工作，條件比較艱苦。

我就認識一位年輕人，她到鎮裡工作，一推開宿舍窗戶，看到一大片墳地，「嗷」一嗓子嚇得把窗戶關上了。她問我怎麼辦，我說，別怕，他們都是普通群眾，你就是為他們的後人服務的。

她聽到這句話，心裡才算是好受了些，後來忙起來了，果然就毫不在乎了，因為生老病死本來就是基層工作的一部分。

再說忍得了「窮」。需要注意的是，這個窮不是真窮——公家機關的工作收入比較穩定，從來沒聽說有吃不起飯的。但它相較有些行業肯定是清水衙門；如果跟從事金融業的同學、朋友橫著比，你心裡一定會不爽。事實上，他們是用自己的聰明才智變現，而你是用自己的才能和意志效力國家，大家的工作性質不同。

無論如何，在當公務員之前你就要想清楚，進了這個門，就從此和巨額財富無緣；但只要做得好，你就能夠受人敬重，擁有足夠高的社會地位。

然後說關得起門。這是在說，必要的社交肯定要有，但是有些低品質的吃吃喝喝，能不去就不去，要做減法。省出來的時間，你可以拿去經營重要的朋友關係，或者去學點本事、技能，肯定更划算。

接下來是拉得下臉。成為公務員的第一天，就會有人打你這個關係的主意。親朋好友、鄉里鄉親，難免想要請你幫著做點什麼事。有悖於原則的事情一定要拒絕，讓你冒險的人，不是你的真朋友。

最後，在公家機關工作，要想有所成就，必須讀得下書。大學裡讀的書肯定是不夠的，還要把一些原典找出來看。

當然，原典不是我們用來賣弄、出風頭的工具。讀原典的妙處在於，它有一種浸潤效果。金庸先生在《射鵰英雄傳》裡提到，黃裳在修訂道家經典時讀完了所有的原典，然後突然就精通了武功，還寫出了《九陰真經》，這就是浸潤——年輕時浸潤在原典裡，能夠形成正確的思維和行事方式，未來舉手投足，自然不會逾越規矩。

讀書肯定是童子功最好，但是北宋的蘇洵二十七歲開始發奮讀書，三國時代的呂蒙三十多歲還被孫權鼓勵去讀書，可見這件事什麼時候開始都不算太晚。

有個在公家單位工作的朋友跟我抱怨，說自己社交能力太弱，沒有前途。我問他什麼是社交能力。他告訴我：「會喝酒，會說話，人際關係一流……很會向上管理。」

啊，這真是極大的誤解。

社交其實是為他人提供價值、讓自己收穫支持的一種行為。我認為真正的社交能力，是理解他人的能力。我們可以按照不同的工作對象，把社交能力進一步拆分為**理解老闆的能力、理解同事的能力、理解下屬的能力和理解大局的能力**。

先說理解老闆的能力。我們經常開玩笑說，老闆日理萬機。這話是真的，你的主管不僅要領導你的部門，他也有自己的老闆，也要滿足他老闆的需求。而且，大多數做主管的人在生活中可能都有面臨升學壓

力的孩子，導師一聲號令，他也得老老實實去學校開家長會。

每個人都扮演著不同的社會角色，理解了這件事，你就可以把很多事想明白了。例如，你的主管優先滿足大主管的需求，不是他自私、自保、想升官，他也是為了你們整個部門的工作成績，這裡面也有你的利益。

所以，不要覺得主管沒有考慮到你的感受和利益，就是他欺負你、忽視你，有時候你需要提醒他。

有句話叫作「領會主管意圖」，好多人把它理解成「猜主管怎麼想」，這是不對的。剛開始和主管磨合，沒聽懂不要去猜，而要多請示、多請教，哪怕主管覺得你「笨而努力」，也比覺得你「自作聰明而誤事」好得多。

你和主管的關係從來不是主僕關係，大家人格上是平等的，但可以是一種接近師徒的關係——你幫助他分憂、幫助他解放時間，就像弟子為老師做一些服務，這是可以接受的。

有了幫主管分憂和解放時間的心思，再看周圍，你眼裡就都是活兒了。別人在那裡賣嘴尬吹主管，你幫主管把麻煩解決了，然後悄聲打個招呼，主管會更信賴誰呢？

再說理解同事的能力。

之前有一個透過人才引進進入公家單位的讀者留言給我，說她的同事「一個有擔當的都沒有，誰也不肯多做一點事」。

我安慰完她之後，問了她三個問題：**這件事，是他們額外的工作嗎？做這件事，會給他們帶來麻煩嗎？這件事，會給他們帶來收益或者成就感嗎？**

　　她聽了仔細想了想，明白了一個道理：這件事給同事帶來了額外的工作量，但並不能給他們帶來任何收益或者成就感。

　　我在《熊太行‧職場關係課》裡提到過，職場上有三個基本原則：安全、進步和收益。當你請托不隸屬於你的同事多工作時，要麼帶著主管的正式命令來安排（不執行他們的安全就會受到威脅），要麼能給他們帶來像加班補貼這樣的額外收益。

　　這位讀者的同事不是「無利不起早」，而是「不肯白用功」。如果沒有物質獎勵，那就要靠你用這個工作的重要意義去說服他們。

　　然後說理解下屬的能力。

　　下屬經常要在沒有太多資源、訊息也不充分的情況下執行你的命令。一個合格的主管，肯定會考慮下屬的疾苦，無論是加班還是執行艱鉅的任務，都要盡可能為他們爭取一些條件，讓他們能夠舒服一點。

　　下屬的工作年限往往比你短，生活上可能還有現實困難。而那些能向下屬更多地表示關心，並且被下屬敬重的主管，往往能走得更遠。

　　接下來是理解大局的能力。沒錯，在政府機構工作，光考慮直屬上級、身邊同事和下屬還不夠，你還必須具備理解大局的能力。

　　一些暫時不能理解的工作，或者損害自己或小團體利益的工作，如果能放在一個更大的範疇裡去理解、解讀，你可能就會發現：有些困難是必須面對的，有些苦是必須吃的。

　　其實社交能力還有一個加分項，我放在最後為你介紹，那就是理解群眾的能力。

　　中國很大，各種各樣的人都有，有些人並沒有那麼好的生活條件。作為一名公職人員，如果你能考慮到中國的複雜性，理解、諒解那些過

得不太好、陷入困頓的人——因為個人條件所限，他們不太可能改善自己的處境——你就擁有了理解群眾的同理心。

說了這麼多的黃鐘大呂，發現沒有——原先我們以為的社交能力，例如喝酒的時候如何敬酒、應酬、寒暄，都是末技，一學就會；如有需要，現學也來得及，你不需要在這上面耗費太多精力。給人提供價值，讓自己獲得支持，這才是真的社交能力。

說完了社交能力，我再給你說說上進和發展的能力。

在公家機關應該保持一種什麼樣的姿態？這也是讓很多人苦惱的一個問題。如果表現得太積極，會被人嘲諷是個官迷，引來敵視；但如果整天表現得很高姿態，讓這個讓那個的，晉升機會也就被讓出去了。

如果你既不想被評價成官迷，又不想被視為躺平，接下來的四條行動建議，請你收好：第一，有雄心，而不是野心；第二，負責任，而不是搶權力；第三，等待召喚，而不是閒雲野鶴；第四，是大舞臺，而不是競技場。

我來為你一一解釋下。

第一條說的是，你要表達自己的上進心，因為主管肯定不會提拔一個對上進毫無念想的人。更進一步來說，這顆心如果是用來做事的，就是雄心；如果是用來拿到一個職務、職位或者職稱的，就是野心。

在日常工作中，如果你是一個有擔當，能夠理解主管和同事，也關心下屬的人，那就沒有人會說你是野心家。

第二條，我們往往把晉升至一個更高的職級理解為對自己的肯定，

是自己獲得的榮譽，這當然沒問題；但它更是一份責任——如果你能表現出對一個職位責任的理解，那你就不是一個搶奪權力的人，而是一個負責任的人。

第三條的意思是，在政府機關想要做點事，閑雲野鶴的姿態肯定是不行的，即使你處於不利的處境，被誤解、被冷遇，也應該等待機會，等待召喚。這需要極好的胸懷和修養，因為所有等待都是磨練。

第四條，我把公家機關的工作比喻為大舞臺，是因為它區別於大部分中小型民營企業，人員結構相對穩定，大家有可能在五年、十年甚至更長的時間裡都保持著同事關係，低頭不見抬頭見。這種長期性意味著誰都很難徹底毀滅誰；即使對方被調走，也說不定哪天大家還有合作的機會。

同事不是敵人，抱著摧毀誰、碾壓誰的態度就錯了。相反，本著「他出色，但我要更優秀」的態度，在舞臺上盡情展示本領、揮灑實力，才是對自己、對工作都負責的態度。

—

最後我要跟你說的是處理工作危機的能力。

這項能力很關鍵，後面劉晗老師還會結合法律職場展開講解（請翻閱本書「法律人有什麼不一樣」）。而我想提醒你關注，政府單位內的工作危機除了少數災害性、意外性的事件之外，絕大多數都是有人違規操作，並且一定不是一個人出錯，而是從上級到下級，或者流程上從前到後的一串人出錯。

常見的情況是有一個人「咣咣咣」拍胸脯，說這麼做肯定沒問題；

另一個人耳根子軟，信了他的空頭承諾，繼續往下推……

要避免這樣的危機，最簡單的辦法就是照法規辦事。

一定會有人勸你，別那麼死板，別不知道變通。但我的建議是，在這份工作裡，膽小一點安全，膽小一點安心。

不要為了自己的「提升」和「前途」去跟惡魔簽契約。一旦違規操作，甚至違紀違法，你就會被人脅迫，仰人鼻息，在邪路上越走越遠。

哪怕是因為死板、不變通而被調離重要職務，也比出了事被開除公職好得多。因為坐冷板凳還可以回來——膽大妄為的人早晚會出大事，那時被他發配去坐冷板凳的人就有機會了。而一旦違紀違法，那才是真正的前程盡毀，什麼都沒有了。

所以，無論遇到什麼樣的危機，有兩點務必記住：首先，不能站在壞人那一邊；其次，不替壞人背鍋。

壞人在某些時候可能是頗有能量的。如果抱著對名利的欲望，想要透過在關鍵時刻效忠壞人來交「投名狀」，就大錯特錯了。

壞人做壞事的時候沒有帶你，說明他不信任你；你知道了他的所作所為之後再加入進去，他會不會信你？大概還是不會——你覺得你幫助他解決了麻煩，其實他看你才是麻煩。

還有一些壞人是希望你來背黑鍋。之前就有一個讀者跟我說：熊師傅，我在一家國企工作，之前的上級亂搞，好多錢亂花。現在要稽核，他逼著我補簽好多字，我應該怎麼辦？

答案就是不能簽。不簽可能會丟工作，但是簽了，一定會背黑鍋。所以，直接拒絕、拖延、請病假休息都可以，他強行命令你，你可以不執行。他著急了，就會換人簽字或者偽造簽字，那責任就不是你的了。

任何壞消息都是藏不住的。而且別忘了，上級之上，還有組織。

━

前面我從四個層級為你梳理了公職人員需要的軟技能。你可能已經意識到了，公家機關的工作並沒有什麼特殊性；如果你在外企、上市公司等規模足夠大的企業工作過，你會發現它們內部的有些規則、人際關係，以及你需要具備的軟技能，和政府單位的工作非常像。

萬變不離其宗。最後我想送你的是我在《熊太行‧職場關係課》裡時常提起的「零號原則」：保持自己隨時換一個工作的能力。

公家單位的工作穩定，這個穩定的意思是，如果你沒犯大錯，可以平安在此退休。但是如果因為被牽連、堅持原則而坐了冷板凳，那麼你也還有兩種選擇，我把它總結為：廣闊天地，大有可為；看這小院，百花芬芳。

第一個好理解，公家機構的工作並不是工作的全部，除此之外還有非常豐富的世界。如果你在一直保持著學習能力、理解他人的能力和上進心，你不會適應不了外面的工作；這些軟技能就是支撐你離開、出去闖一闖的底氣。

第二個說的是包容性：也許你由於某些原因失去了晉升的機會，看到了職業發展的天花板，那你還可以改善自己的生活，豐富自己的內心；在完成分內的工作之餘，照料好家庭，發展興趣愛好，甚至發展出一門副業。

要知道，劉慈欣就是在電廠工程師的工作之外，寫出了《三體》這部著名的科幻小說。

經常有人說，政府機關內藏龍臥虎。

真相是這樣的。龍虎可以風雲際會，從一個個看似尋常的單位裡出來；一個個看似尋常的單位，又可以盤得下龍、臥得住虎，作為他們未鳴未吟之時的棲息之地。

我認識很多公職人員，他們在退休前會興致勃勃地提到自己的去留取捨，那個關鍵的時刻。

奇特的是，無論最終選擇了去還是留，他們都沒有後悔過。

廣闊天地，大有可為；
看這小院，百花芬芳。
保持自己隨時換一個工作
的能力。

熊太行

第十九封信

如何做一個
有趣的理科生

李鐵夫

李鐵夫

清華大學副教授，北京量子資訊科學研究院兼聘研究員。從
事量子電腦科研工作近二十年。

主理得到 App 課程：
《前沿課·量子計算》
《前沿課·晶片技術 10 講》

親愛的讀者：

見字如面。

社會發展到今天，軟技能受到了越來越多的關注和重視，很高興得到要在這個領域發力了。我自認為是一個硬技能不足、軟技能欠缺，但還算有趣的人，很樂意跟你聊聊我所理解的那些讓理科生有趣的軟技能，與你共勉，一起進步。

一提到有趣的理科生，你腦子裡蹦出來的第一個人是不是《宅男行不行》這部美劇中的「謝爾頓」？他應該是一個最典型的有趣的理科男了，每次都能基於非常深厚的物理學專業知識，一本正經地把你逗笑。

我記得劇裡有這樣一個片段：有一天晚上剛過十二點，謝爾頓就坐起來跟女友艾米說生日快樂，並掏出了精心準備的生日禮物——一張照片，那是他大腦的磁振造影成像。

你的第一反應也許是「這未免也太寒酸了吧？」別急，我們聽聽這個理科男是怎麼解釋的：「它不僅僅是一張磁振造影成像，你看，照片裡我的眶額皮質（OFC）是發亮的，因為我當時正在想你。」

艾米一下就被甜化了。我是後來查資料才知道，眶額皮質是人類情緒產生的主要神經機制。

跟謝爾頓類似，這部美劇裡的另外幾個理工男也很有特點。

另一位主角霍華德送給妻子伯納黛特一個星星樣式的項鍊墜飾，看起來平平無奇，並不是什麼八心八箭，而且他還說「你戴幾天得還給我」。為什麼呢？因為「我得把它帶到太空站去，這樣等我回來之後再送還給你，你就真的有了一顆從天上下來的星星」。

你看，這些理工男和你印象裡的是不是還挺不一樣？我十分佩服《宅男行不行》的主創團隊，他們非常理解理工男的趣味和浪漫，挖掘的笑點和吐嘈點都十分準確。從劇裡這兩個情節說起，我想繼續跟你聊聊，想成為一個有趣的理科生，有哪些重要的因素。

第一，硬技能。

在這本書裡，香帥等多位老師提到，軟技能是相對硬技能而言的。我認為對理工科同學來說，所有軟技能都是依附在硬技能之上的。謝爾頓那張小小的照片體現了他在生理學和物理學領域豐富的知識；霍華德就更了不起了，他憑著自己的專業技能獲得了去太空站工作的機會，否則怎麼能把從天而降的「星星」送給伴侶呢？

提升軟技能的前提，是精進硬技能──讓自己成為某個領域的專家、專業人士，在此基礎上提升軟技能才有意義。

第二，開放的思想。

理工科同學從小接受的是一套「丁是丁，卯是卯」的專業訓練，做一道題對就是對，錯就是錯；往往要等出了學校才會發現，真實世界裡是沒有標準答案的。所以，面對問題求同存異、保持思想開放，也是一項重要的軟技能。

　　我們學校物理系的徐湛教授七十多歲了，依舊活躍在教學第一線。我想跟你分享一個關於徐老師的故事，這個故事和他的課程內容、科研工作無關，而是有關怎樣從零開始學習線上授課的。

　　二〇二〇年春季學期，清華全校課程需要統一實行線上教學。這對我們而言是一個巨大的挑戰，也是徐老師人生中的第一次——他完全可以選擇把課停掉，先不講了，但他沒有這麼做；因為他知道，現在的困難可能會成為未來的趨勢，那就去接受它、熟悉它、掌握它。從初步掌握設備的操作方法到一段時間後可以熟練使用，再後來，他還加入了「線上教學指導專家組」，向全校老師分享自己線上授課時積累的經驗和方法。

　　在很多人看來，不管是腦力方面，還是體力方面，線上教學對一個年過七旬的老人都是一個很大的考驗。但徐老師本人覺得這不是個問題，做這件事有意思。這讓我想到電腦科學家侯世達的一句話：「一個活生生的心智總能發現通往可能性世界的視窗。」保持思想開放，將是你提升軟技能的基石。

━━

　　第三，廣泛的通識類知識。

　　我曾聽我們學校經管學院的錢穎一老師講過，美國投資和證券巨頭高盛集團在中美兩國面試候選人的側重點很不一樣。在北京，高盛的面試問題中技術性問題占比很高；而在紐約，面試問題中占比更高的則是和哲學、歷史相關的思想性問題。

提高技術性問題在面試中的占比，當然能篩選出上手快的「熟練工」，對企業來說更「有用」。但錢老師有個提醒，就是知識的有用性，不僅體現在提高工作成效方面，還體現在提高人的素養、提升人的品味等方面。

賈伯斯當年從大學退學後，並沒有馬上離開學校，而是旁聽了一些自己感興趣的課程，其中一門是美術字課。這門當時看起來沒有什麼實際用途的課程，在十多年後他創建蘋果公司時發揮了重要作用——他把彼時所學用在了蘋果電腦上，所以這款電腦才會有「這麼豐富的字體，以及賞心悅目的字間距」。

我自己也有過類似的經歷。我在得到 App 這個知識服務平台認識了很多來自各行各業的老師，從他們身上，我學到了很多自己專業以外的「沒啥用的知識」。不過，就是這些「沒啥用的知識」，讓我成了現在這個有趣的我。

一九四八年，建築學家梁思成對學生們說：「建築師的知識要廣博，要有哲學家的頭腦、社會學家的眼光、工程師的精確與實踐、心理學家的敏感、文學家的洞察力……但是最本質的他應當是一個有文化修養的綜合藝術家。」放在今天，其實每個職業的從事者都應當如此——掌握本專業以外的通識類知識，短期看似無用，但從更長的時間尺度上看，一定會給你帶來驚喜。

第四，良好的自我表達。

每年有新生加入我的實驗室，我都會給他們做基本的培訓，其中很重要的一項是如何寫郵件。

你別不相信，在寫郵件這件看起來很簡單的事情裡，其實藏著不

少坑——煞費苦心地遣詞造句，結果用了一堆生僻詞和複合句；想說的事情太多，對方抓不住重點，於是沒耐心讀下去……你再想想，很多收件人，你是不是沒什麼機會跟他線下見面？他對你的印象，是不是就建構在這一封封郵件之上呢？所以才有「見字如面」的說法嘛。

那麼，我培訓新生寫郵件，具體方法是什麼呢？其實很簡單，就是讓他們把那套理工科的邏輯訓練遷移到寫作上。例如，把要彙報的工作按照1、2、3列清楚，將關鍵字加粗或者醒目提示，等等。很多情況下，把這些小技巧用好，就足夠寫出一封條理清晰、重點明確的郵件了。

除了這些小技巧，你還要透過專門的訓練來提高自己的表達能力。

我們學校有一門面向全體大學生開設的課程，叫寫作與溝通。這門課程既不是語文課，也不是學術論文寫作課，學生更沒法隨便湊一篇文章應付，因為如果這門課程不及格，他就沒法畢業。那麼，學生在這門課上學的到底是什麼呢？

寫作與溝通教學中心的首任主任梅賜琪老師提過一個見解——**我們很多時候是因為想不清楚，所以才會說不清楚、寫不清楚**。他們研發這門課程，就是希望透過所謂的說理寫作或邏輯性寫作，對學生進行嚴格的思維訓練，讓學生無論在學術研究領域還是日常生活中，都能進行高品質的溝通。

所以，寫作與溝通課其實是在培養學生 write as communication（像溝通那樣去寫作）的能力——不僅有老師一對一面批，還有同輩評議——從初稿到最終成稿，學生們始終處於互相學習、交流的環境中。

通過類似的訓練，你會發現：寫作解決的是人和人之間精確溝通

的問題。當你抱著「為了溝通」的信念去寫一封郵件、一份報告時，你在文章中的表達能力肯定會更上一個臺階。

第五，自我管理。

過去在學校裡，挑戰來的方向很明確，就是各種考試、選拔。雖然也很嚴酷，但畢竟你知道戰場在哪裡。而到了社會上，最大的麻煩是，你不知道挑戰會從哪裡來，是什麼樣子，又會持續多長時間。這在很多理科生身上表現得特別明顯，而且過去成績越好，這種慣性就越強烈。怎麼辦？

我認為在這種情況下，自我管理這項軟技能的作用就凸顯出來了。蔡鈺老師在前面提到過（請翻閱本書「自我管理的關鍵是目標管理」），管理目標、管理注意力、管理健康，還有自我激勵、自我安撫、自我取悅，都屬於自我管理，也都是在不確定中能為你建立起掌控感的能力。

我還在吳軍老師的書裡看到，自我管理的另一種絕佳方式，是給自己設計一些極端測試。例如，試著去跑一次馬拉松，看看自己能不能堅持下來；或者連續工作四十八個小時，看看自己受不受得了；又或者在一個條件很差的環境中生活一段時間，看看自己忍耐的極限在哪裡。

還是學生的時候，應對挑戰的底氣是，我準備好了。到了社會上，應對挑戰的底氣是，我的自我已經足夠強大，沒有什麼大不了的。

第六，欣賞你的人。

對，不管是在工作還是在生活中，都要找到欣賞你趣味的人，把你的有趣展現給他。「彼之砒霜，吾之蜜糖。」有很多軟技能是無法定

量衡量的能力，例如想像力、團隊精神、競爭意識等。即便你的能力再強，也一定會有人不買帳。

在開頭舉的《宅男行不行》的例子裡，謝爾頓送的生日禮物之所以奏效，其實還有一個關鍵因素，就是艾米馬上可以心領神會，欣賞他的有趣和浪漫。如果說艾米和謝爾頓的心領神會建立在知識背景高度一致的基礎上，那麼另外兩個主角李奧納德與女友佩妮的情況就很不一樣了。李奧納德也有過類似的浪漫時刻。他送給佩妮一片從北極帶回來的雪花，保存在聚乙烯醇縮醛樹脂裡，永不變質、永遠純潔。看過這部劇的朋友應該都知道，佩妮沒有大學文憑，也沒有某個領域的專業知識，但她的情商絕對在「向下兼容」李奧納德。收到這個北極雪花的禮物之後，佩妮的回覆在我看來非常有愛：「這是我聽不懂的話裡感覺最浪漫的一句。」

你看，遇到對的人，在他眼裡，你就是一個有趣的人。

以上就是我理解的能讓理工科學生變得有趣的軟實力，希望能對你有一點啟發，也祝你越來越有趣。

現在的困難可能會成為未來的趨勢，那就去接受它、熟悉它、掌握它。

保持思想開放，將是你提升軟技能的基石。

李光夫

第二十封信
馬歇爾將軍
教給我們的

徐棄郁

徐棄郁

清華大學國家戰略研究院資深研究員，國防大學戰略研究所原副所長。長期從事國際問題和戰略史研究。

代表作：
《脆弱的崛起：大戰略與德意志帝國的命運》
《帝國定型：美國的 1890——1900》

主理得到 App 課程：
《徐棄郁．全球智庫報告解讀》
《徐棄郁．美國簡史 30 講》
《徐棄郁．德國簡史 30 講》
《徐棄郁．英國簡史》

親愛的讀者朋友：

　　你好，我是徐棄郁，一名戰略研究者。

　　在這封信裡，我試著把軟技能這個話題和自己的研究領域結合起來。我會為你挖掘一位著名軍事人物身上值得借鑒的軟技能，他就是美國陸軍五星上將馬歇爾。

　　與巴頓、麥克阿瑟、尼米茲等第二次世界大戰期間的美軍名將相比，馬歇爾並沒有什麼顯赫的戰功。但作為美軍的陸軍參謀長，馬歇爾為第二次世界大戰的最後勝利做出的貢獻超過其他任何一個美軍將領。

　　你可以把馬歇爾理解為戰爭的管理者、美軍所有重大行動的總調度者。美國前總統杜魯門就曾評價說，馬歇爾為戰爭勝利做的貢獻不同於別人，他貢獻的是勝利本身。

　　馬歇爾獲得的巨大成就，一方面來自他過硬的專業素質，另一方面則與他的溝通、協調、洞察等軟技能密切相關。

　　總體來看，馬歇爾的這些軟技能集中體現在三個「把握」上：對人的把握、對細節的把握和對矛盾衝突的把握。

　　—

　　我們現代人談論「軟技能」，通常是相對於專業工作的「硬技能」而言的，包含溝通能力、社會交往能力、管理能力，等等。但如果往深

裡探究，軟技能真正的核心一定是對人的影響和把握。而在這個方面，馬歇爾有自己的獨到之處。

首先是識人。與多數卓越的管理者一樣，馬歇爾愛才若渴。他的仕途並非一帆風順，軍校畢業後在各種職務上轉來轉去，雖然屢受上司褒獎，但晉升緩慢，四十歲才當上少校，獲少將軍銜時已近六十歲了。同樣官至五星上將的麥克阿瑟與馬歇爾同年出生，但麥克阿瑟三十一歲就成了少校，比馬歇爾早十四年成為少將。不過，這些經歷並沒有影響馬歇爾對人才的態度。很多關於馬歇爾的著作都提到，他有一種為國選才的習慣和心胸。無論在位居高位之前還是之後，他都非常注意發現和選拔人才，而且具有一種慧眼。

一個典型的例子是馬歇爾發現艾森豪。日本偷襲珍珠港幾天之後，時任美國第三集團軍參謀長艾森豪被召回華盛頓向馬歇爾報到。馬歇爾問他，面對當前情況，美國在遠東太平洋地區的整體行動方針應該是什麼。對於這個問題，艾森豪並沒有馬上侃侃而談以展示自己的預見和智慧，而是向馬歇爾請求給他幾個小時的時間做準備。

馬歇爾從這個舉動中看到了艾森豪的關鍵品質：穩重可靠，不投機取巧，對事情的輕重緩急有充分的判斷。在聽完艾森豪的回答後，馬歇爾立刻拍板將他任命到核心職位，之後又一路保薦、提拔，讓他出任盟軍歐洲遠征軍最高司令，負責指揮諾曼第登陸。

其次，馬歇爾對人的把握還體現在如何用人上。對不同性格特點的下屬，馬歇爾的使用和駕馭方式也大不一樣。像艾森豪這樣穩重型的高級指揮官，馬歇爾充分表現出用人不疑、疑人不用的一面。

一九四四年冬季，就在盟軍認為戰爭已經接近尾聲時，德軍突然

發動了著名的突出部之役或稱（亞爾丁戰役〔Battle of the Bulge〕），使盟軍整條戰線發生了動搖。面對失利，盟軍內部要求追責的聲音高漲，而且多數批評的矛頭都指向西線最高指揮官艾森豪，這使艾森豪壓力巨大。

面對這種情況，馬歇爾做了兩件事：一是命令美軍總部各級人員都不得干擾歐洲前線的指揮，實際上就是盡可能避免向艾森豪施壓，讓他可以繼續放手工作；二是給艾森豪發新年賀電，表揚他的工作，這樣相當於給他吃了一顆定心丸。在馬歇爾的信任下，艾森豪成功穩定了盟軍內部，將盟軍的資源及組織優勢再一次發揮出來，取得了西線的勝利。

而馬歇爾對另一位美軍名將巴頓就不是這種做法。他非常清楚，巴頓是美軍內部對裝甲部隊最專業也最有熱情的軍官之一，像他這樣的指揮官可以凝聚、提升整個部隊的精神力量，「帶領部隊赴湯蹈火」。至於巴頓的弱點，馬歇爾也心知肚明，就是性格暴躁、喜歡單打獨鬥。

針對這樣一名個性鮮明的將領，馬歇爾的做法是在大加任用的同時「用一根繩子緊緊套住他的脖子」。何以見得？馬歇爾成為陸軍參謀長之後，大力發展裝甲部隊，並將新組建的第二裝甲師交給巴頓統領，這顯然是用人所長。但是，馬歇爾又對其敲打不斷，甚至數次撤換其職務。雖然巴頓在第二次世界大戰中威名顯赫，且軍銜晉升為上將，但馬歇爾實際讓他指揮的部隊從來沒有超過一個集團軍，而且從不把需要與盟友協調較多或政治性較強的任務交給他。

這些例子可以體現馬歇爾對人才妙到毫巔的把握能力。

在歷史上，馬歇爾還以過人的戰略眼光和戰略管理能力著稱。可以說，從第二次世界大戰前美國在工業、軍事方面做的參戰準備，到第二次世界大戰中歐洲戰場和太平洋戰場的排序、組織和管理，再到美軍幾大軍種的發展比例，馬歇爾都是主要領導者。你會在他身上看到，善於從宏觀上把握問題的領導者不一定會放棄細節；相反，對細節的關注和把握恰恰是馬歇爾宏觀管理能力的補充，兩者在他身上很好地融為一體。

舉個例子。第二次世界大戰中，美軍的給養是一種非常特別的存在。美軍登陸歐洲以後，歐洲人發現，**連美軍普通士兵身上都帶著巧克力、口香糖和駱駝牌香煙等，而這些東西在當時的歐陸已屬於奢侈品了。歐洲人覺得非常不可思議。很多人解釋說，這是因為美國當時足夠富裕。但實際上，美國的實力只是一個基礎條件，更重要的原因是時任陸軍參謀長馬歇爾對軍隊給養水準的重視。**

早在第一次世界大戰時期，美國就曾派軍隊赴歐洲參戰。當時美國的國力已經排到了世界第一，物資和經費都不缺；但由於組織管理等問題，軍隊的給養並不好，彼時在前線的馬歇爾對這些問題就有很深的體會。在他看來，美軍離家千里來歐洲打仗，要保持部隊士氣本身就是一件困難的事情；如果給養水準上不去，部隊的士氣就更難保持了。所以，當馬歇爾成為陸軍參謀長以後，他給予美軍士兵給養這種常人眼中的「小問題」以高度關注，對很多細節都親自過問、真正拍板，如此才有了第二次世界大戰中美軍「豪華版」的給養。

馬歇爾關注細節的能力有時體現在人們意想不到的地方。諾曼地

登陸後，美國陸軍部發現有一家四兄弟參軍，其中三人已經犧牲。馬歇爾很快注意到這個細節，決定讓僅剩的那個兄弟回家。這則事蹟就是後來史蒂芬・史匹柏導演的電影《搶救雷恩大兵》的原型。

還有一個流傳很廣的故事：由於美軍不斷向前推進，大多數營房的居住時間很短，這就給營房管理帶來了一個問題──這種臨時性的營房要不要刷漆？如此細小的問題，馬歇爾居然也關注到了。他要求美軍在歐洲的臨時營房一律刷漆，因為此前的調查統計顯示，刷漆的房子能帶給士兵更多安定感，從而減少他們的思鄉情緒。

應該承認，如果沒有這種關注細節的能力，馬歇爾很難取得如此大的成功。

作為美軍重大行動的調度者和管理者，馬歇爾勢必要協調各方面的關係，而這在第二次世界大戰期間是一項極其艱鉅的任務。

一方面，盟軍之間，特別是英國、蘇聯和美國之間的戰略利益不一樣，政治需求和戰場需求也不一樣，常常出現矛盾和摩擦，協調起來十分困難。另一方面，在美軍內部，各軍種之間存在競爭，歐洲戰場和太平洋戰場之間也存在競爭，有時還會把馬歇爾的上級──羅斯福總統捲入其中，協調難度往往更大。

在這種情況下，馬歇爾對矛盾衝突的把握能力就十分關鍵。面對起衝突的雙（多）方，他既不會「和稀泥」或走「中間路線」，也不會憑藉自身權威來壓服某一方，而是會冷靜地抓住矛盾各方爭執的真正問題，運用靈活的方法加以協調。這在馬歇爾處理麥克阿瑟的要求時充分

表現了出來。

麥克阿瑟是一位非常有個性的將領，能力出眾，但以自我為中心，好大喜功。作為太平洋戰場的主要將領，麥克阿瑟在戰爭初期就要求軍隊為他提供一批數量巨大的裝備和彈藥。在當時的情況下，這一要求明顯不切實際。

馬歇爾是怎麼做的？直接拒絕嗎？不是。他邀請麥克阿瑟派來提要求的一位上校參加陸軍參謀部的每日例會，讓他親眼看見全球各戰場發來的諸多告急電報，切身體會戰爭全域的巨大壓力。

這位上校受到了極大的觸動，不僅不再堅持原先不合理的要求，還主動表示要跟麥克阿瑟解釋。值得一提的是，即便在戰局非常嚴峻的情況下，馬歇爾仍然想辦法盡可能滿足太平洋戰場的需求。他身上體現出來的與其說是某種權謀，不如說是一種真誠的力量。

我再帶你看一個著名的例子，是關於馬歇爾協調美國軍種之間的矛盾的。

第二次世界大戰爆發後，美國雖未馬上參戰，但戰爭準備已經刻不容緩。當時非常突出的問題是，美國應該優先擴充哪個軍種？

要知道，美軍內部幾大軍種一直有相互競爭的傳統，此時更是爭搶激烈。而作為美軍最高統帥的羅斯福總統已經有了明確的偏好——他認為美國是一個有兩洋保護的大陸，因此要優先發展海軍和空軍，陸軍只需守衛本土。馬歇爾當然不同意這樣的發展思路。他表示，美軍各大軍種需要均衡發展，只有這樣才能取得戰爭的勝利。

對於馬歇爾的堅持，羅斯福總統提出了一個「技術性問題」：如果各軍種均衡發展，那麼軍費總額將大大增加，美國國會不可能同意。

而馬歇爾對此的回答是，國會的工作由他來做，總統只需同意就行。

在那之後發生了什麼，你應該已經知道了——所有的戰爭準備按照馬歇爾原先的思路展開，各軍種之間的矛盾也得到了很好的協調。這整個過程體現了馬歇爾處理矛盾的另一種方法，就是站在對方的角度，在說服對方的時候，為他準備好解決問題的方案。我認為這其實是一種擔當的力量。

講完馬歇爾對人、細節和衝突的把握以後，我發現：與其說他展示了某幾項具體的軟技能，不如說是他是在用自己的人格和心境凝聚力量，而這讓他一次又一次地完成不可能的任務。

我希望馬歇爾的故事能幫你更好地把握軟技能的深層邏輯，在工作中更好地運用軟技能。和你共勉！

處理矛盾的另一種方法，就
是站在對方的角度，
在說服對方的時候，為他
準備好解決問題的方案。
我認為這其實是一種擔當
的力量。

徐亲邻

法律人
有什麼不一樣

劉晗

劉晗

清華大學法學院副教授、博士生導師，耶魯大學法學博士。

代表作：
《想點大事：法律是種思維方式》
《合眾為一：美國憲法的深層結構》

主理得到 App 課程：
《劉晗‧法律思維 30 講》
《劉晗講辛普森案》

各位讀者朋友：

見字如晤。

我是劉晗，從大學到博士一直是法學專業的，後來也一直在大學教授法律。

當脫不花囑託我寫一封信，和你聊聊軟技能這個話題時，我腦海中馬上浮現出來的是三個法律界的故事，它們直指你需要掌握的三項核心軟技能。

＿

我想先跟你聊聊寫作。這還真不是「筆桿子[1]」們的專利。要知道，職場中的寫作能把你每一步的工作可視化、成果化，是一根能撬動個人影響力的大槓桿。

有一位法律人的經歷恰好能說明這一點 —— 寫作不僅為他贏得了個人成功，還讓他有機會塑造利益相關方乃至社會公眾的認知常識。

這位法律人名叫路易斯・布蘭迪斯（Louis Dembitz Brandeis），是活躍在二十世紀早期的一名美國律師，後來還出任了美國最高法院的大法官。

---

1 指擅長寫作的人

　　光聽布蘭迪斯這個名字，你可能還不是很熟悉，但是你肯定聽說過今天中國和美國針對網路平台的反壟斷措施。這些反壟斷措施在很大程度上都受到了布蘭迪斯思想的影響。在他的影響下，當今甚至形成了一個反壟斷的「新布蘭迪斯學派」，主張為了公共利益限制大公司和大平台的擴張。

　　讓布蘭迪斯獲得巨大個人成功的一個關鍵點，是一九○八年的穆勒訴俄勒岡案 (Mullerv.Oregon)。

　　這個案子的案情非常簡單：美國俄勒岡州通過了一部法律，規定女性工人最長的工作時間是每天十個小時。當地一家洗衣房的店主因為讓女工每天工作超過十個小時而被罰了款。店主不服，於是就去告政府，還把案子一路打到了美國最高法院。

　　案子到了最高法院之後，俄勒岡州就要找律師做代理。州政府先找到美國律師協會的一位知名律師，但這位律師拒絕了，因為他覺得根本不可能打贏，甚至連他自己也認為，女性每天工作超過十個小時沒什麼問題。

　　可以說，這是法律界，以及當時很多精英人士的一種共識和常識。而且，最高法院在一九○五年剛剛判了一個案子，說限制麵包店工人工作時間的法律違反憲法保護的契約自由，因此無效。有這樣的判例在先，律師的擔心也不是沒有道理。

　　於是，俄勒岡州政府又開始尋找新的律師，最終他們接觸到了布蘭迪斯。在這個案件之前，布蘭迪斯作為律師的名氣僅限於麻薩諸塞州，外面很少有人知道他。他在接受這個案件時提了兩個條件：第一，俄勒岡州政府必須讓他完全掌控這個案件，讓他作為整個州人民的代表

去打官司，而不僅僅是作為法律顧問。第二，俄勒岡州政府必須向他提供大量資料，以證明長時間工作確實會影響女性身體健康。資料中應包括與女性就業和勞動時間相關的資訊，還有專業人士對這個問題的看法。

州政府答應了第一個條件，但表示第二個條件很難滿足，布蘭迪斯就打算自己幹。他先請他的嫂嫂在紐約發動了一群助手，讓他們在哥倫比亞大學圖書館、紐約公共圖書館查資料、做研究。其中一名助手是醫學院的學生，他在找文獻的過程中很快發現，美國能夠提供的資料有限。布蘭迪斯隨即提示，那就找其他國家的。

最終，布蘭迪斯匯總了所有資料，寫了一份長達一百一十三頁的法律意見書。你完全可以想像，這種長度的法律意義書是非常罕見的。更為罕見的是，在這份意見書中，布蘭迪斯僅用了三頁的篇幅來說明法律邏輯問題，其他的篇幅都是用來說明事實的。

如前文所說，由於美國各州的資料有限，布蘭迪斯大量引用了外國資料。你會在這份法律意見書中看到英國下議院有關提前關閉商店法案的報告、英國皇家公共衛生學會的學報、法國地區關於夜間加班問題的報告、德國工廠檢查員的報告，甚至還有各個國家的工業統計資料。用今天的話來說，這就是一份大數據研究報告。

布蘭迪斯想用它們證明，如果女性每天工作超過十個小時，受到影響的不只是女性本身——由於女性和男性的生理狀況存在差異，並且女性要為社會生育後代，因而整個社會的利益也都因為這些身為母親的女性而間接受到影響。例如，布蘭迪斯援引了英國倫敦一名醫生寫的《嬰兒死亡率》一書裡的資訊——長時間工作導致的身體疲勞會使早產率上升。

　　布蘭迪斯想透過這些資料讓最高法院的法官們認識到：這才是真正的常識，他們之前的「常識」需要迭代升級。

　　你要知道，這些大法官身居高位，養尊處優，他們的夫人一般都是不工作的，而他們的兒女如果要工作，工作的環境和條件通常也非常優越；女工的工作環境離他們太遠了。當他們看到這些報告，聽到法庭上的辯論和展示時，內心感到無比震撼。因為展現在他們面前的是一個他們從未瞭解過的世界，這就好比很多在大城市長大的人難以想像農村生活是什麼樣子的。

　　最終，大法官們認可了布蘭迪斯的法律意見書，宣判俄勒岡州的法律是符合憲法的。他們在判決書裡專門引用了布蘭迪斯的法律意見書，甚至史無前例地點出了這名律師的名字。這一下子讓布蘭迪斯名聲大噪，獲得了「人民的律師」的稱號。

　　在穆勒訴俄勒岡案宣判了八年之後，布蘭迪斯被提名擔任美國最高法院的大法官，而他撰寫的這份引用海量社會科學調研資料的法律意見書，也成了一種體例，就叫「布蘭迪斯意見書」（Brandeis Brief）。大約半個世紀後，種族平權組織的律師用相同的方式撕開了美國種族隔離的口子——一九五四年，在布朗訴托彼卡教育局案（Brown v. Board of Education of. Topeka）一案中，律師也大量引用了有關社會學、心理學的文獻作為依據，證明種族隔離會對非裔學生的心理造成影響。

　　最好的寫作並非與讀者辯論，而是展現其未曾想像過的世界。這或許是「布蘭迪斯意見書」能為你帶來的一大啟示。

再來說一項可以展現職場人領導力和綜合能力的高層次軟技能——**危機處理能力**。接下來你會在一起經典的法律案件中看到，頂尖的法律人是怎麼處理危機，甚至利用本來的危機去改造局面、建章立制的。

這起案件就是美國最高法院判決的第一起憲法大案，發生在一八〇三年的馬伯瑞訴麥迪森案（Marburyv. Madison）。

今天，美國最高法院權力非常大，不但可以決定大大小小的法律案件，還可以裁決總統選舉的爭議，甚至可以決定女性是否有權墮胎。但最開始的美國最高法院可不是這樣。而馬伯瑞訴麥迪森案，就是美國最高法院「創業史」上的艱難開端——透過這個案件，美國最高法院確立了自己的一項重大權力——違憲審查權。簡單來說，就是最高法院可以依據憲法否決國會和各州議會通過的任何法律。

但是，這項權力並不是美國憲法裡明確規定的，而是在馬伯瑞訴麥迪森案中，最高法院自己爭取來的。

這個案子究竟是怎麼回事呢？基本案情稍微有點複雜，涉及總統政權轉移[2]。我們知道，任何一個組織的權力轉移都非常微妙，一八〇〇年美國總統大選則更是如此，因為這場大選是美國歷史上第一次出現兩個黨派競選的格局，一個是聯邦黨，另一個是民主共和黨。當時聯邦黨的約翰·亞當斯（John Adams）輸給了民主共和黨的傑佛遜（Thomas Jefferson），競選連任失敗，而且傑佛遜所在的民主共和黨也已經贏得了國會的大選。可以說，聯邦黨即將退出美國的政治舞臺。

---

2 當時的兩大黨現在都已經不存在，亞當斯是聯邦黨，傑佛遜則是民主共和黨。

在卸任之前，亞當斯拼命地將本黨人士安插進司法系統，一下子任命了幾十個大大小小的法官。但是由於政權轉移的時間比較緊張，一部分委任狀還沒有寄出，新總統就上任了。可想而知，新任國務卿麥迪森立即暫停了這些任命。因此，有一些本來要當法官的人並沒有接到委任狀。

其中一個叫馬伯瑞的人不高興了——明明我已經被任命了，怎麼你們一交接，就不作數了呢？於是，他一舉把麥迪森告到了最高法院。巧合的是，這時最高法院的首席大法官，就是之前亞當斯政府的國務卿馬歇爾。而他接到這個案子後也非常為難，因為這個案子的被告是新總統麾下的國務卿，馬伯瑞要求最高法院向國務卿下令，強制國務卿給他寄委任狀。

如果你在大法官馬歇爾的位置上，審慎地判斷一下局勢，你就會知道自己面臨的是一個多難的選擇。而最根本的原因在於，當時最高法院的實力非常弱，沒有一言九鼎的地位和一錘定音的權力。

弱到什麼地步呢？最高法院沒有獨立的辦公大樓；第一任首席大法官發現這個地方壓根兒沒什麼意思，辭職回老家做法官了；甚至在最高法院判決第一個重要案件之後，其他各州聯名反對，透過了憲法修正案來和它對抗。這種情況下，最高法院還怎麼跟國務卿麥迪森以及總統傑佛遜來硬的呢？

可以說，原告馬伯瑞給大法官馬歇爾和最高法院出了道大難題，這對最高法院而言是一場重大危機。從法律的角度看，無論怎麼判決，馬歇爾和最高法院似乎都是要輸的，因為所有的牌都在人家手裡——如果最高法院判馬伯瑞贏，也就是強制要求國務卿發委任狀，那國務卿

肯定不聽。實際上，在這個案子進行庭審時，麥迪森壓根兒沒出庭。如果人家不聽，最高法院就會遭遇執行難的問題，甚至傑佛遜還會啟動彈劾法官的程序，乃至透過修憲廢掉最高法院。這樣的話，聯邦黨人的最後一塊陣地也就消失了。

如果判馬伯瑞輸呢？也不行。因為這樣最高法院會給人留下一種牆頭草的形象，也就是迫於政治壓力，不敢秉公辦事。

或許有人會說，乾脆不受理不就行了嗎？也不行。別人會說，你看你連案子都不敢接，太了。最高法院的形象也會大大受到損害。

你看，這件事似乎是個死局。

我們來看馬歇爾是怎麼破局的。經過一番權衡，他寫了一份令所有人都震驚的判決書，裡面的邏輯順序很有講究。

第一，既然馬伯瑞已經被上一任總統任命了，他到底有沒有權利獲得委任狀呢？答案是肯定的，畢竟已經簽字蓋章了嘛，委任狀具有法律效力。

第二，既然他對於委任狀的權利被侵犯了，那麼是否應該強制執行呢？當然應該。所有的法律權利都必須得到救濟，否則就是一句空話。

第三，關鍵點來了，應該由誰來下令強制執行呢？是美國最高法院嗎？馬歇爾表示，最高法院不能這麼做。

因為憲法裡明確授權最高法院處理的，只有涉及各州的重大糾紛，還有一些涉及外交的糾紛。其他案件，最高法院只有上訴管轄權。換句話說，馬伯瑞必須先從低級別的法院起訴，一步一步地打上來，這樣最高法院才能夠受理。

對此，馬伯瑞肯定會反駁：不對啊，你看國會通過的一部法律（《司

法法》）規定了，這種情況就應該由你們強制執行。而馬歇爾在判決書裡回應道，不好意思，那部法律的規定與憲法規定衝突了，而憲法更高，因此那部法律的規定無效。

你看，馬歇爾悄無聲息地摟草打兔子（中國俗語，指意外收穫），讓最高法院獲得了違憲審查權。

或許你還沒看太明白。但只要稍作分析，你就會知道這個判決有多麼妙。

第一，馬伯瑞本身是個富有的銀行家，他起訴麥迪森肯定不是為了當法官的那點薪水，說白了就是為了面子；他不可能繼續層層打官司。最高法院判決後，他會就此作罷。

第二，最高法院雖然沒有受理這個案子，但是也批評了傑佛遜違法，給人留下了秉公辦事、不畏強權的印象。

第三，最高法院雖然批判了傑佛遜違法，但是沒讓他承擔什麼責任，傑佛遜也沒話可說。

第四，最高法院還撈到了一項重大的權力，就是以憲法為依據，來審查一切法律是否違背憲法，即違憲審查權。

可以說，馬歇爾扮演了拆彈專家的角色，防止了政治危機爆發。在稍有不慎就會滿盤皆輸的局面下，他不僅守住了最高法院的基本盤，甚至還借機擴權了。

馬歇爾處理職場危機的方法，或許能給你帶來一個啟發：不浪費任何一次危機，任何危機都是組織結構重新組合的重大契機；你要有意識地參與到危機所帶來的重構當中。

最後，我想用我認識的一位律師的故事向你展示，一個人為了提升自己的表達溝通能力可以做到什麼程度，以及這項軟技能對職場人而言有多重要。

這位律師是我的北大大學同學，名叫劉驍。為了提高英語表達能力，他甚至跑去跟百老匯演員學發音。

先介紹一下劉驍律師。劉律師現在在美國一家頂級律所——昆鷹（Quinn Emanuel Urquhart & Sullivan LLP）——做合夥人。如果對跨境訴訟業務略有瞭解，那你應該知道他的名字。劉律師代理過很多中國企業在美國法院打官司，在圈子裡很有名氣。而且，作為一位中國籍的律師，他在很年輕的時候就升任了合夥人。

要知道，在律師行業，做訴訟業務對語言的精準性和說服力的要求是最高的，更何況英語還不是他的母語。劉驍是哈佛法學院的博士，畢業後就到了美國一家頂級訴訟業務律所工作，是當時所裡唯一的一位中國籍律師。可想而知，他的專業水準很高，英語也很好。

這家律所比較老派，是師父帶徒弟的模式。新人進去後，律所會派一位合夥人做他的導師。劉驍的導師是個英國人，也是國際仲裁和美國訴訟領域的知名專家。劉驍在他手下跟著學，也很順利。

過了半年左右，劉驍請教這位合夥人對自己成長方面有什麼建議。合夥人直言不諱地說，你的語言有問題。

他追問，問題在哪裡？合夥人告訴他，你寫得挺好，說的內容也沒有大問題。問題在於，你的口語別人聽不太清。但律師說的每一個字都很重要，甚至能決定官司成敗。

劉驍接著問，那具體的問題是什麼？是我的中式口音嗎？合夥人說，口音其實無所謂，在美國，大家習慣了各種各樣的口音，真正的問題是發音含混。合夥人舉例說，接其他同事的電話，我就正常聽，一般都是公放；但如果你打電話過來，我就得把手機放到耳朵邊，跟戴耳機似的，這樣才能聽清。原因在於，你發音的口型不到位，咬字不清晰，得仔細聽才行，否則就只能聽到八九成，總是差一點。

劉驍迎來了職業生涯中的一次重大挑戰。他本來很自信，這下發現了大問題——得從頭學英語發音。於是，他到處找攻略。找來找去，有個朋友推薦了一位百老匯演員，她一輩子都在百老匯演歌舞劇和話劇，退休了之後專門做發音教練。劉驍聯繫到這名演員，去她家拜訪，演員就讓他念了幾句台詞。

這位老演員聽了之後說，你的英語在外國人裡算很好的，但這是普通人的發音方式；做律師，就要有律師的自我修養，得按照演員的標準要求自己，字正腔圓，甚至帶點朗誦腔，哪怕不用麥克風，整個劇場都能聽得一清二楚。

劉律師一下開竅了——放在中國，這可能就是對話劇演員的要求吧，想像自己跟北京人藝（北京人民藝術劇院）的演員一樣咬字清晰、自帶公放效果。

你看，這首先是個思維轉變的問題——要走出自己的日常發音舒適區。那位百老匯演員就說，發音的時候，**如果自我感覺口型和咬字有點誇張，甚至自己都覺得不好意思，那就對了，這樣才能做到發音格外清晰，在別人聽來剛剛好。**

那位演員舉了個例子：很多亞裔說數字的時候，經常讓人分辨不

出十三（thirteen）和三十（thirty），因為他們說 thirteen 這個詞時，「teen」這個音節拉得不夠長。這可能是因為在他們的母語裡，每個音節的長度是一樣的；但英語不是，所以要故意拉長，甚至有點誇張才能矯正。

劉驍聽懂了。他每週花兩個小時在那位演員家裡，邊站著，邊像學京劇一樣「吊嗓子」，從各個輔音和母音開始練。一個多月之後，他開始練整段的台詞。整段話練出來了，那位演員又跟他說，還要有韻律：不是每個詞的音長都一樣，要有所強調，還要有停頓。除此之外，還要帶感情。同一句話，平平淡淡地說，和加入感情說，效果也不一樣。

劉驍回憶說，他練的時候經常會覺得不好意思，總是表現不出語氣的變化。老演員就有意引導，很正常的一段台詞會領著他反覆說，讓他習慣。最終達到的效果就是掌握更廣的「音域」，聲音可以變得很大，當然，也可以在聲音很細小、很輕柔的情況下讓人聽得很清楚。

不到一年之後，劉驍有一天跟導師彙報，這位合夥人突然說，你最近的語言好了很多，我不用再豎著耳朵聽了。他很好奇這是怎麼做到的。

劉驍就告訴他自己跟百老匯演員學發音的事情。這給這位合夥人留下了極為深刻的印象。可想而知，劉驍後來的職業生涯邁向了新的高峰。

上面的故事，是我這個大學同學在二十六歲時親歷的事情。直到現在，他還時不時地「吊嗓子」，並且不斷提醒自己：**溝通表達是需要終身學習的軟技能，不能半途而棄。**

不浪費任何一次危機，
任何危機都是組織結構
重新組合的重大契機。

第二十二封信
下一代需要
什麼軟技能

沈祖芸

沈祖芸

教育專家、學校組織變革專家，曾為北京十一聯盟學校、上海新優質學校共同體、北京名校長領航工程等進行戰略發展規劃。作為中國新學校研究會副會長，研發了校長培養系列創新課程，每年培訓一百多位中小學校長。

代表作：
《變革的方法》

主理得到 App 課程：
《沈祖芸全球教育報告》
《沈祖芸・組織變革 20 講》
《沈祖芸・小學生家長必修課》

親愛的讀者：

　　透過閱讀本書前面的內容，我相信你已經很清楚哪些軟技能會讓你的個人成長跑贏價值通膨了，我也很確定你會將這些軟技能運用在工作中，以便獲得更好的職業發展。此刻我提筆給你寫這封信，是為了你的另一重身份——父母。

　　作為一名教育研究者，我想先提醒你關注一項長期戰略規劃：中國宣佈要在二〇五〇年實現全面現代化，建成學習大國。這意味著什麼呢？你可以參考表 22-1，看看到二〇五〇年中國實現全面現代化的時候，自己的孩子是幾歲。

表 22-1　孩子出生年份、年級和 2050 年年齡對照表

出生年份（年）	2023 年秋季年級	2050 年年齡（歲）
2017	一	33
2016	二	34
2015	三	35
2014	四	36
2013	五	37
2012	六	38
2011	初一	39
2010	初二	40
2009	初三	41
2008	高一	42
2007	高二	43
2006	高三	44

也許你的孩子現在正在讀小學、初中或者高中，但到二○五○年，我們都將生活在由他創造的世界裡。所以我經常說，未來觸手可及，它就在今天的學校裡，在你的家庭中，在你孩子身上。此刻，你可能會感到一股緊迫感湧上心頭。憑你的人生閱歷，我相信你一定清楚未來再也不是那個「學好數理化，走遍天下都不怕」的時代了——很多傳統行業正在消失，而新職業尚未被發明。在這種不確定之下，哪些軟技能可以像幫助你在職場取得長足發展一樣，幫助你的孩子從容不迫地面對未來呢？

在這封信裡，我會為你介紹兩個最底層的能力模型，它們能讓你的孩子在面對外部世界的挑戰時，成為一名問題解決者，也能讓他在處理內心世界的議題時，成為一個可以很好地調節自我的人。

在外部世界的挑戰面前，為什麼要鍛鍊解決問題的能力呢？你肯定已經感受到了，這個世界不再是按照領域劃分的，而是由各種各樣的挑戰組成的——不管你考出多高的分數，如果不能解決真實世界裡一個個具體而複雜的問題，不能將所學所思轉化為應對挑戰的解決方案，你很快就會產生一種危機感。

舉個例子。一個法律專業畢業的高材生，進入律師事務所工作後發現：自己遇到的真實挑戰是如何高效地搜集材料，如何讓同事願意與自己合作，如何快速跟客戶建立信任關係……他需要的遠遠不止打官司的硬技能，更要調動以往的經歷，連結各種資源，還要學習很多新東西。

再舉個例子。一個中文系的畢業生很快會意識到，世上根本沒有那麼多作文大賽可以給他參加。作為職場新人，他首先要做的是給某產品寫個文案，給某公眾號的文章排個版，給老闆的某次演講做個 PPT。而要把這些事做成，單憑寫作能力強是遠遠不夠的，他還要與產品經理溝通，研究公眾號面向的受眾需求，站在老闆的角度換位思考，等等。

這就是我們這個時代正在發生的變化——知識的門類和專業分工的邊界越來越模糊，對人解決具體問題這一能力的要求卻越來越高。

如果你希望孩子成為一名問題解決者，你就要從小培養他解決問題的能力。我要給你的第一個能力模型叫作挑戰的基本結構模型（見圖 22-1），它能讓你的孩子在突破挑戰的過程中形成解決問題的能力。

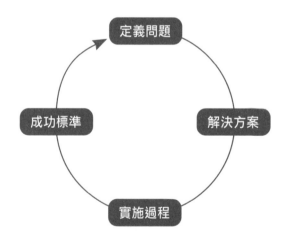

圖 22-1 挑戰的基本結構模型

我們經常說「挑戰」這個詞，但到底什麼是挑戰？**挑戰其實是激發一個人做出某種行為的邀約，包含定義問題、解決方案、實施過程和**

成功標準四個要素。也就是說，如果孩子能先明確需要處理的任務，再透過設計解決問題的路徑、方法或程式，最終形成一項符合成功標準的解決方案或產品成果，他就接受了邀約，完成了一次挑戰的閉環。

我想帶你去一個真實場景，看看如何應用挑戰的基本結構模型。我們把目光投向北京未來城學校：七年級的幾個孩子發現，校園裡散養的兩頭小鹿會隨意啃食人工草皮。他們把這個情況反映給老師以後，老師將其設計成學習任務，交給七年級的孩子們解決。

好，挑戰來了。參考挑戰的基本結構模型，孩子們先從三個維度完成了對問題的定義：

* 為什麼這是一個問題？
* 如果不解決這個問題，會產生什麼後果？
* 從哪些方面可以看出，這個問題值得我們想辦法解決？

孩子們發現，剛過斷奶期的小鹿食量大增，而長期食用人造草皮，不僅會對它們的身體造成不可逆的損傷，還會影響校園生態。

如果能把這個問題處理好，不僅有利於改善校園環境，還可以為那些存在同類問題的學校提供「人——動植物和諧共處」的解決方案。

為了解決這個問題，孩子們的第一反應是調用已有的知識；一看已有的知識不夠用，就主動去發現新知識。這個階段，他們會用下方的

思考清單探索可行性方案：

- 你能想到多少種解決問題的方法？
- 怎樣才能讓較為薄弱的想法變得更有力？
- 你能在自己最有力的想法中找到一處較為薄弱的地方嗎？
- 在與你的夥伴分享想法時，他說了什麼？
- 你給夥伴的想法提供回饋後，這些回饋有沒有幫你重新審視自己的想法？
- 能找到這方面的專家來評價一下你的想法嗎？

　　這張思考清單能幫助孩子們判斷出哪些方案可行，更重要的是，它會激發他們從不同角度看待同一個問題，並學會快速切換思考方式。例如，自己想法中最薄弱的部分 VS. 自己想法中最有力的部分，自己的想法 VS. 同伴的想法，自己的想法 VS. 這個領域專家的想法，等等。

　　經過這番思考並產生最優方案以後，孩子們就要採取行動了。這時候，他們會把下面這張行動清單貫穿在自己的行動過程中，這能讓他們不斷靠近「把一件事做成」的目標：

- 你可以從哪裡入手？
- 要怎樣才能知道你行動的方向是正確的？
- 在實施過程中，你能向誰求助？
- 如果第一個想法行不通，還有哪些可行？
- 怎樣評估自己有沒有接近預期目標？

面對小鹿隨意啃食學校人工草皮的挑戰，這些孩子不僅提交了十多份可行的解決方案，還把行動過程中應該規避的誤區和應該吸取的教訓也總結了出來。因為按照挑戰的基本結構模型，在結束這項學習任務時，他們需要把成功標準和自己實際的解決方案進行對照，總結出相應的經驗——假如再給我一次機會，我會保留什麼、放棄什麼。畢竟，挑戰中經歷的挫折與失敗也能讓他們學到很多。

而且，為了解決這個挑戰，孩子們要學習動、植物的生活習性，掌握實驗和調查研究的方法，主動跟動、植物專家、校內學生和教職工溝通，等等。你想，解決了這個挑戰，動物的生活習性、抽樣、設計調查問卷等基本的知識和技能，他們是不是也都掌握了？原本要透過生物、數學、社會等課程實現的教學目標，是不是也都達到了？

孩子們一直在「調用已知——掌握新知——構建個人知識體系」，而他們解決問題的能力也在這個過程中得到了培育。

你發現沒有？所有可被拆解的能力都是能夠培養的。如果孩子從小學到高中一直在經歷這樣的挑戰，他們就不會懼怕未來世界的不確定性，因為他們早就形成了一套自己的解決方法或程式。

我們再來看看，怎樣培養孩子的自我調節能力，讓他們能夠妥善處理內心世界的議題。

今天的孩子所面臨的壓力遠超你我的想像，除了學業上的重擔，他們還要滿足父母對於「這個年齡的孩子應該怎樣」的角色期待。而通常，孩子實際承受的壓力與父母對他們壓力的感知有很大的差異。有資

料顯示，33.3% 的孩子說他們感到壓力很大，但只有不到 5% 的父母能意識到這一點。

所以，你的孩子比任何人都需要成為一名自我調節者，發展並持續提升自我調節力。我認為它和解決問題的能力一樣，都是面向未來的孩子需要掌握的軟技能。你可以先用下面這些關鍵字來「畫個像」，看看具有自我調節力的人都有哪些特質：

- 能對自己的學習或工作負責；
- 能調整學習的策略；
- 能不遺餘力地做一件事；
- 善於創造學習環境；
- 必要時能尋求幫助；
- 能在學習中尋找個人價值、關聯和興趣；
- 能將失敗作為學習工具；
- 擁有有效的學習習慣；
- 能管理好自己在現實世界和虛擬世界中的角色。

前面提到過，凡是可被拆解的能力都能透過策略、方法和模型進行培養，自我調節力也是如此——我給你的第二個能力模型（見圖 22-2），就是通過啟動情感、改變行為和提升認知來幫助孩子發展自我調節力。

圖 22-2 發展自我調節力模型

在這個三角模型裡，我猜你應該想從改變孩子的行為入手，例如督促他快寫作業、馬上停止打遊戲、把古詩背給親戚朋友聽、上課要積極舉手發言……但這樣做，孩子可能會軟硬不吃，而你必然會為此感到苦惱。

其實，孩子的行為是被模型底部的情感開啟的。這是因為，他們做出的所有行動都取決於對以下三個問題的確認：

- 我喜不喜歡這件事？
- 這件事對我重要不重要？
- 這件事我能不能做好？

如果回答都是肯定的，孩子就會主動、自覺地投身行動。我曾在上海一所小學見證過一個孩子的改變。這個孩子叫小馬，讀四年級，當時正在學習怎麼把分數化為小數。和小馬同組的同學迅速掌握了這個知

識點，並對一旁的小馬說了句「你太慢了」。這句無意的話讓小馬開始懷疑自己的能力，感覺自己糟透了。

小馬班上的張老師很快注意到了這個問題。她並沒有挑剔小馬的運算能力，而是帶他到校園的噴泉池邊散步，並試圖在散步中轉移他的注意力，引導他想想數學以外的事，例如足球比賽進行得如何，放學後打算做點什麼。當小馬返回課堂時，他能夠調節負面情緒了；他的分數轉化運算比之前快了許多，而且他很願意分享自己的解題步驟。

我們經常忽視開啟孩子情感開關這個步驟，但事實上，這是發展孩子自我調節力的第一步。在此基礎上，你還要關注一個問題：孩子自我調節力的發展不能靠「說教」，它應該像解決問題的能力一樣，用一個個有意思的學習任務來承載。

我給你看看北京第一實驗學校正在探索的學習任務案例：

- 為家人寫傳記，描寫一段他不為人知的特殊經歷。
- 班上養了一隻烏龜，請代牠寫一周日記，並回家講給爸爸媽媽聽。
- 作為電影院的義工，設計一套幫助視障者看電影的方案。
- 為「死去」的元素寫一份訃告，講講這個元素的「生平事蹟」。
- 《簡‧愛》的作者夏洛蒂‧勃朗特認為珍‧奧斯汀在《傲慢與偏見》中對人物內心世界的描寫不夠，於是兩位作家發生「論戰」，在文學評論雜誌上接連發表文章。你作為雜誌主編，為這個「論戰」欄目寫一個編者按。

你發現沒有，這些學習任務都是從調動孩子的情感開始的。也就是說，在孩子可及的生活半徑內設計有意思的任務情境，觸及他們的同理心，讓他們完成對前面說的三個問題——「我喜不喜歡這件事」、「這件事對我重不重要」、「這件事我能不能做好」——的確認，投身學習任務。

這個時候，孩子們會用自己的方式明確學習目標，規劃學習進程，並保持足夠的好奇心與專注度。他們會學習如何與他人協商分工，會克服各種障礙來接近預期目標，還會監控和調適自己的學習進程。無論是學習知識和技能，還是反思、評估自己的學習過程，都說明孩子在任務中完成了認知的反覆運算升級。

如果你的孩子在中、小學階段就能經歷這樣的學習任務，那麼進入職場後，他會很習慣給自己設立目標，管理自己的工作進程。這裡，我也梳理了一份清單給你，你可以結合這幾個事項，在日常家庭生活中設計學習任務，培養孩子的自我調節力：

- 任務應該與孩子的興趣、生活和過往經歷密切相關。
- 明確任務的目標，讓孩子清楚地知道該做什麼、能得到什麼。
- 任務儘量是真實可靠的，這樣孩子就不會覺得自己是在應付，而會覺得自己是在通過學習獲得一個有價值的結果。
- 為孩子提供充分的選擇——當孩子對任務有掌控感時，他會更加重視自己所付出的努力。
- 告訴孩子任務不只有一個正確答案或者一種正確方法。
- 把孩子的學習成果作品化或者產品化，激發他的內驅力。

前面我們說過，一個擁有自我調節能力的人善於管理自己在現實世界和虛擬世界的身份。你應該特別關注這一點，並把一部分學習任務放在虛擬世界開展。例如，跟孩子一起戴上 VR 眼鏡進入元宇宙世界、用 switch 完成一次「健身環大冒險」等，在任務中鍛鍊他們調節自我的能力。

無論是在虛擬世界中，還是在現實世界中，你的孩子都會成為一個終身學習者，一個有能力給自己和他人創造快樂和幸福的人。

━

一百年前，教育家杜威說：「如果我們用昨天的方式教今天的孩子，就是在剝奪他們的明天。」我在這封信裡與你討論解決問題和自我調節這兩項未來社會看重的軟技能，其實是想把孩子們的未來生活與今天的學習聯繫起來，「用未來的方式教今天的孩子」。

有這樣一句流行語，「未來是一個 VUCA 時代」。很有意思的是，對 VUCA 的解讀有兩個版本。在一個版本中，VUCA 是 Volatile（不穩定性）、Uncertain（不確定性）、Complex（複雜性）和 Ambiguous（模糊性）的首字母縮寫，它構建的是一個人與外部世界的關聯；但在另一個版本中，它是 Vision（願景）、Understanding（理解）、Courage（勇氣）和 Adaptability（適應）的縮寫，更多地關照了一個人的內心世界。

你會發現，前者需要用問題解決能力來積極應對，後者則需要通過自我調節能力去把握主動性。因為我們知道，「未來不是我們要去的地方，而是我們正在創造的地方」。

用末來的方式教今天的孩子

末來是一個 VUCA 時代
Vision（願景）、
Understanding（理解）、
Courage（勇氣）
Adaptability（適應）

陳加恩

第二十三封信
老鳥怎麼跟
新手打交道

劉擎

劉擎

著名學者。華東師範大學教授、世界政治研究中心主任。研究方向包括政治哲學、西方思想史、現當代西方思潮與國際政治問題。

代表作：

《劉擎西方現代思想講義》

《2000 年以來的西方》[1]

《做一個清醒的現代人》

《懸而未決的時刻》

主理得到 App 課程：

《劉擎‧西方現代思想》

《劉擎‧年度思想前沿報告》

---

[1] 繁體版《當世界席捲而來：在自由與民主的困局中，中國如何想像世界？當代西方思想編年考》，2021 年，聯經出版。

讀者朋友惠鑒：

　　作為一名教師，我偶爾會受到「口才好」的謬讚，也有年輕教師和學生向我問詢「口才的秘訣」。我對這個問題並沒有完整的思考，今天依據自己的經驗與你分享一些心得，主要是想澄清關於溝通表達可能存在的一些誤解，也試圖闡明其中重要卻容易被忽視的幾個問題。

　　溝通表達是一種通用能力，應用於所有社會生活場景，構建了個人與社會之間主要的介面。雖然它的重要性已為人熟知，但要想掌握這種能力其實並不容易。詩人羅伯特・佛洛斯特（Robert Frost），說這個世界由兩部分人組成，「一半人有話可說但力不從心，另一半人無話可說卻喋喋不休」。這種說法雖然言過其實，卻也提醒我們：有話可說又能講得好的人，確實不可多得。

　　何以如此？因為溝通表達是一項軟技能。

　　在我看來，軟技能的一個重要特徵在於，它在外觀上顯現為具有功效的能力，可以用來應對具體問題或達成某種目標，但構成這種能力的「內裡」卻是一種隱性的「素養」。**通用性高的軟技能往往要求綜合的素養。溝通表達能力就是如此，它是認知、情感與思考品質的綜合顯現。**

　　有些人誤以為溝通表達能力是所謂「口才」問題，誇一個人會說話，就是「口若懸河」、「伶牙俐齒」、「三寸不爛之舌」之類，聽上

去像是醫院口腔醫學科的業務。但這是一種誤解。觀察得稍微細緻些就會發現：不少職業播音員未必具備高超的溝通能力，而有些聲音嘶啞、帶有方言口音的教師的言談卻總能引人入勝。也就是說，口齒清晰、發音準確，甚至聲音動聽，這些容易識別的顯性指標並不是良好溝通表達的充分條件，甚至不是其必要條件。

當然，顯性指標的改善有助於提升溝通表達能力，但真正重要的是隱性綜合素養的提高，這需要長期培育。這裡說的「培育」，更接近植物學意義的「養成」，而不是機械工程式的「鍛造」。

再來說軟技能的另一個特徵，它其實是一種「know-how」（知道如何做）。像游泳、開車或滑雪的能力，不是靠閱讀教材、說明書或操作手冊獲得的，必須在實踐中反覆訓練才能逐漸掌握，而一旦習得又能夠內化為素養，幾乎終身不會遺失。

因此，我們不必將隱性的素養神秘化，它是可教可學的，也應該勤於練習。

接下來，我主要談談在溝通表達這項軟技能中容易被忽視的問題。這些問題幾乎會出現在所有溝通情景中，但在老手對新手的交談中尤其常見和明顯。為什麼呢？

一般而言，我們與上級或師長談話時，大體上比較慎重，也會做充分的準備。而與下屬或新手交談時，出於自身的優勢地位，覺得輕而易舉，往往表現得比較隨意，但這樣其實更容易暴露溝通表達的問題。

所以，如果可以保持敏感並且足夠重視，在與新手交談這種心態

相對從容的場景中，我們反而有更多探索嘗試的空間，更有機會從中提升自己的溝通表達能力。

我自己的體會源自做教師的經驗。教師與學生交談的特點，也可以延展到上司與下屬、師父與徒弟等資深人士與初學新手交談的情景。以下這幾點心得，不可視為操作手冊，至多可以帶來一些啟發，供你參考。

    ▬

我想先和你聊「聽與說」的關係。

所有溝通表達都是雙向的，即便講課和演說也隱含著互動交流。**聽與說同等重要，聽有時甚至更重要。因為表達總是要指向具體情境中的特定聽者（受眾），一個人如果缺乏「聽懂」的能力，就幾乎不可能做出高水準的表達。**

聽懂的能力與聽者的心態——耐心和善意——有關。我們通常會認真聆聽比自己資深者的言談，而對新手或下屬缺乏傾聽的意識。但一般而言，由於新手的表達力相對較弱，與新手交談恰恰更需要傾聽和理解。

在這裡面，澄清的能力是一個關鍵。出色的聽者能夠幫助言說者澄清自己：揭示其思考默認的前提預設，分析其推論過程的邏輯環節與融貫性，闡明言說者自己也未必能明述的意思。在交談的過程中，聽者往往需要用簡潔的提問來促進言說者表達。

例如，一家公司在籌辦一場大型演講活動，突然受到不可控的因素影響，只能改成線上活動。在對策討論中，一個新手建議取消這場活動，觀點很明確：改成線上活動失去了原本的門票收入，而投入的成本沒有顯著降低，結果只能是虧損。作為聽到這個觀點的人，你如果追問

一句：為什麼結果是虧損就要取消活動？他很可能會回答：虧損不符合公司利益啊，這不是很明顯嗎？這時候你就會發現，新手的意見有個默認的前提：創造利潤是公司唯一的或至上的利益。

但這個前提預設需要被再次討論、澄清。因為「利益」並不自明，總是對照著自身的「重要性指標框架」才能確定。和個人一樣，公司的重要性指標依賴於一套價值觀，其中利潤（尤其是即刻的收益）必須與自身信奉的其他價值（願景、承諾和聲譽等）擺在一起綜合評估，因此利潤未必就具有優先性。

這個例子比較明確簡單，而在更複雜的情況中，澄清問題要求你具有格外敏銳的洞察與認知素養。無論如何，聽與說在交談中同等重要。溝通表達能力出色的標誌在於，**作為聽者，你能理解表達能力較弱一方的言說；而作為言說者，你能讓理解力較弱的一方明白你的意思。**

接下來的討論牽涉對創新的判斷。

許多行業的工作在專案設計或方案構想中，常常會面對創新性與可行性之間的矛盾。通常創新程度越高的專案越有價值，但也越困難，實現的可行性也越低。相反，容易操作的方案，創新性可能就稍顯不足。新手面對這個問題，往往會左右為難。

經驗豐富的從業者更熟悉行業的狀況及其來龍去脈，具有判斷的優勢。所以，與新人溝通交流時，你要幫他把計畫或目標放到一個更大的框架中，從而做出更準確的評估。你也可以為他提供更多的可行性方案以供選擇，從而將計畫調整到一個創新與可行的最佳平衡點。

這是比較常見的做法，平均水準的溝通者就可以完成。我的一個提醒是，這種常見做法有可能埋沒才能出眾的新手。

舉個例子。西方思想史專業的研究生，論文的選題可能是研究一個思想家。作為導師，我們對學生將偉大思想家作為研究對象的想法非常謹慎，因為就霍布斯、盧梭和康德這樣的大思想家而言，中外學界既有的研究已經浩如煙海，很難有創新之處。然而，有一名學生從牟宗三先生對康德的闡釋中發現了新的線索，經過與導師艱難而反覆的溝通、商談，他大膽地把研究康德作為選題，最終完成了一篇相當出色的論文。

我用這個例子是想說明，**資深者有時需要用格外開放的心態去看待新手的「魯莽」**，因為經驗豐富的優勢有時會變成過於保守的局限。這個道理聽上去很簡單，但實踐起來並不容易。

例如在影視劇編劇等創意寫作行業，老手時常會遇到熱衷於奇思異想的新人，那麼，如何才能分辨虛妄的幻想與真正有創新潛力的想像呢？這是一個難題。

老手可能熟知成百上千部經典作品和其中的精彩橋段，但僅有豐富的經驗儲備還不夠，你還需要在溝通交談中，讓你熟知的經典與新人的「好主意」真正產生碰撞，並發現它們之間的關聯、相似和反差。如果新手的創新是在「接續」（包括以反叛的方式）和「致敬」經典，那麼他的主意就可能引向真正的創新。在這個意義上，與新手交談往往是教學相長的歷程。

我還想跟你聊一聊在交談中，情與理的關聯問題。

　　溝通表達常常被簡化為理性的能力。的確，認知水準與邏輯推論是溝通的要素，但即便是「講道理」也不是純然理性的，它需要情理交融。

　　「理性」在英文中有兩個對應的詞——rationality 和 reasonableness。rationality 指普遍的合理性，主要涉及一般原則。單憑這種理性展開交談，比較抽象而空泛。實際有效的溝通，無論是分析問題還是說服對方，往往需要切近地針對問題特定的背景，或者對方所處的具體環境。這時的理性，即 reasonableness（我譯作「通情達理」），指能夠做到換位思考，並依據對他人利益可能造成的影響來溝通。

　　讓我們想像一個場景：部門主管突然需要下屬在休息日加班，而這個下屬已經約了朋友要在那天聚會。這時，下屬同時面臨著兩項普遍原則的要求：一是要對朋友信守承諾，二是要服從主管的命令。這兩個原則發生衝突，在抽象層面無法解決孰輕孰重的問題，或者說單憑理性（rationality）無法給出優先性排序。那麼，有效的溝通就需要介入特定的背景資訊：這次聚會對他有多重要？突然而來的工作任務是否非他不能做？……結果主管得知，這個下屬是要接待一位遠道而來、多年不見的老師，這位老師已經年邁，並且是他生命中最重要的啟蒙者，於是另外安排了其他人加班。

　　你會看到，共情在溝通中發生了作用，使原本衝突的抽象原則在具體情境中獲得了合理的優先性排序。

　　在和新手交流時，資深的師長需要明察新手的情緒糾結。而針對具體情境的有效溝通，「曉之以理」幾乎總是伴隨著「動之以情」，故此才能做到通情達理。

再來說溝通中個人品格的意義吧。

交談者的態度主要由其品格決定。尊重、善意、誠懇⋯⋯這些品格都是關係性的，只能在人際交往中培育，日積月累沉澱為內在的品格。

在與新手打交道的過程中，更有可能顯露和檢測你實際的品格。例如，苛刻的要求或者嚴厲的批評，是否能用溫和的語氣或幽默的方式來表達呢？其實這也決定了你的溝通表達在多大程度上具有感染力。

在領導力培訓中，提高情商是重要的目標之一。但情商究竟是什麼意思？是品格養成還是技巧訓練？品格是內在的，而品格的顯現既可以是由內而外的自然流露，也可以通過技巧和話術來提升。真誠與顯得真誠可能一致，也可能是兩回事。

那麼，情商技巧的訓練總是一種「社交化妝術」嗎？未必。內在品格和外在溝通表達，這種內與外之間的關係可能比你原先想像的深刻。

例如，在一些情商訓練項目中，培訓師會提供一套技巧話術，你在訓練一開始僅僅關注這些技巧的功用價值，不太放在心上。但可能有一個時刻，你發現如此待人接物，不僅給你帶來了好處，你的自我感受也更好，你更喜歡這樣的自己，那麼技巧訓練就有可能轉變為品格養成。

你確實可以通過訓練來「表演真誠」，甚至讓人信以為真。但如果要在更長遠的時段、更廣泛的場合讓大多數人相信你的真誠，那些不是發自內心的表演就會變成一場又一場的苦役。在這個意義上，抵達「顯得真誠」的最佳途徑可能不是訓練表演技巧，而是訓練自己成為一個更真誠的人。

━

　　以上討論的溝通中容易忽視的四類問題，顯見於老手與新手的交談情景，但如同我在最開始提到的，它們在許多溝通活動中也普遍存在。最後，我想在更為超越的層面表達一個看法：我們來到世間無非「謀事成人」，而溝通表達不僅有助於「謀事」，還能幫我們「成人」。

　　就此而言，軟技能這個術語似乎足夠清晰，卻也可能遮蔽了溝通表達更深刻的內涵。什麼意思？它的確是一種重要技能，但僅僅視其為技能可能仍然狹隘——溝通表達不只是有助於我們解決問題或達成目標的技能，它更重要的意義可能在於其具有內在價值，因為交談本身就是一種生命活動。如果一定要說是能力，它也應該被視為促進生命繁盛的能力。

　　亞里斯多德說，「人天生是城邦（政治）動物」。這句話不只是想表達人類是群居的物種，其實也是在說人類是不自足的，只有在城邦的生活中才能成為更充分意義上的人。在亞里斯多德看來，恰恰是言談的能力和實踐這種人類獨有的特徵，使人得以成為城邦動物。

　　任何個體的生命都並不具有固定的本質，都處在不斷生成的歷程之中。我們的生命總是未完成的，並總是有待成長，而這種成長的歷程不可能由個體單獨展開。人是唯一自覺到需要與他人交往的動物，而與他人的交往是個體自我的構成性因素。更加卓越的溝通能力，意味著更加豐沛的生命歷程。就此而言，溝通本身就是生命成長的活動，使我們生生不息。

更卓越的溝通能力，意味著
更加豐沛的生命歷程。

把飯局作為修行

傅駿

傅駿

豐收蟹莊創始人，上海海派菜文化研究院院長，江湖人稱傅
師傅。

主理得到 App 課程：
《傅駿‧美食鑒賞 15 講》

親愛的朋友：

這封信題為「把飯局作為修行」，就從一場飯局說起吧。一九二九年八月二十九日晚，在外面吃完飯回家的魯迅帶著幾分怒氣，在日記中寫下了這樣一段話：「……同赴南雲樓晚餐……席將終，林語堂語含譏刺，直斥之，彼亦爭持，鄙相悉現。」

林語堂那邊也在日記中寫道：「……與魯迅對罵，頗有趣，此人已成神經病。」

兩位大文豪出席的這場飯局，場面竟然很是尷尬。

在我看來，出席飯局，無論如何都不應該與人吵架鬥毆。如果邀請吃飯的人是我，更要及時制止此類不幸事件的發生。

我們已經進入現代文明社會，鴻門宴幾乎不可能再有。普通人的一生之中，遇上「杯酒釋兵權」的飯局，亦屬極為罕見之事。我有限的人生經驗裡，出席或邀人出席的飯局，絕大多數都以賓主盡歡為結局。

羅振宇老師邀請我寫這封信，和你聊聊飯局上有哪些軟技能。他說：「反正我和你吃飯，感受到的不僅是對廚藝的瞭解，更是對食物人文背景和現場情緒節奏的精妙把握。」

我理解，羅老師佈置給我的作業，就是教會年輕人如何透過吃吃喝喝贏得更好的人際關係。

前不久，留學多年的兒子碩士畢業，歸來陪我。我太太和女兒仍

在倫敦，上海家裡就我們父子倆。我做他吃，吃完聊天，循環往復，日久生情。

這封信接下來的內容，都是我和兒子邊吃邊聊出來的，希望對你也有所幫助。

———

年輕朋友初入社會，事業還沒有獲得成功，不太可能自己大宴賓客。如果你已是能花幾千、幾萬元請客的玩家，請就此停住，不用再看下去了。

我以為，年輕人能參加的飯局，大部分屬於社交飯局，少部分屬於牟利飯局，飯局上面臨的問題也各不相同。這裡就花開兩朵，各表一枝。

關於社交飯局，核心問題是你買單還是朋友買單。

儘管古人云「君子之交淡如水，小人之交甘若醴」，但絕大多數現代人的關係就是透過吃吃喝喝來維繫和鞏固的，而其中最核心的問題就是誰來買單——誰多買單，誰就更夠朋友。

我是上海人，一九九〇年代初，第一份正式工作在一家跨國廣告公司，各國同事之間吃飯習慣 AA 制。這是好習慣，目前在上海的年輕人之間已經很流行。

但這畢竟是少數。在我們的文化裡，誰多買單總是好的，誰少買單總是不好的。所以接下來要討論的是：如何多買單，還不讓朋友感到有壓力？如何少買單，還讓朋友覺得你不討厭？

能夠多買單，當然是好的，但不要太囂張。不就是多吃了你幾頓

飯嗎？何必天天掛在嘴上顯擺自己呢？這多討厭啊！正解是這樣的：

- 飯局中間，悄悄把單買了，然後說自己最近發了一筆意外之財，云云。
- 編一個理由，請朋友吃飯，但不要說是你生日、紀念日什麼的，免得人家有送禮的壓力。
- 你買單，但不要當主角；讓朋友多說說，你多聽聽。
- 你買單又是邀請人，請來的朋友們務必層次相當、三觀一致，彼此之間有所共鳴、有所幫助。

如何少買單，還讓朋友覺得你不討厭？

有一種軟技能叫作「點菜」，在少買單的情況下你必須學會。我在得到 App 的課程《傅駿‧美食鑒賞 15 講》中講過如何安排一桌完美的宴席，其中有「四步點菜法」：

- 研究招牌菜。一家飯店，真正好吃的菜就那麼幾道，其他很多都是湊數的。不要點一桌子不搭配的菜，吃很多亂七八糟的東西。如果這家飯店的招牌菜你們都沒有吃到，那豈不就是瞎吃了？
- 以招牌菜為主菜，圍繞主菜搭配輔菜——輔菜是為了烘托主菜的。注意：葷配素，幹配濕，濃配淡，冷配熱。總之，突出主菜，其他任何菜都不能把主菜蓋過去。
- 注重上菜的速度與節奏。中餐行話「一熱頂百鮮」，熱菜一定

不能涼，涼了就風味盡失。所以上菜時要講究先後順序，起伏節奏。你可以自己按冷熱、葷素、濃淡，把一道道菜的先後順序依次排好，要訣是：**把味道最好、價格最貴的招牌菜放在整張菜單的倒數第二順位，最後是一道襯托的輔菜；把味道次好、價格次貴的招牌菜放在冷菜之後第一道，然後跟一道襯托的輔菜。開頭和結尾，已經有四道菜；中間的其他菜，就看你自己的悟性了。**

- 菜單排布好，你就要放大招了。讓服務員把餐廳經理叫過來，非常認真地、義正詞嚴地囑咐道：「熱菜出鍋後，立刻送過來，絕對不能涼；按排好的順序上菜，先後絕對不能亂。就這兩條要求，任何一條做不到，一律退菜！」

這張特殊要求的功能表，保證會轉到主廚手裡。他一定會被驚到，然後要求團隊打起十二分精神，把這桌客人照顧好。

傳說中美食圈的高手，之所以能在陌生飯店「點菜點到大廚跳」，用的就是這「四步點菜法」。我正式傳授給你了。

多練習，多用心。一旦朋友們公認你是點菜小能手，吃飯聚餐就會想到你，你買不買單就不重要了，因為你對大家能有所貢獻。

良好社交的根本，是讓朋友覺得你有價值、對他有幫助。你懂吃懂喝，能夠安排一桌完美的宴席，這無疑是一項非常重要的軟技能。

既不想買單，又不會點菜，但是朋友們仍然願意請你吃飯，可能嗎？

我年輕時在大興安嶺做人類學的田野調查。在當地鄂溫克獵民的部落裡，我發現有一位年輕人，既不擅長打獵，又不願意勞動，在我看來就是個好吃懶做的小混混。但就是這樣一個人，受到了族人的愛戴。我問：這是為什麼？大家回答說：唱歌、跳舞、講故事，他都行！他讓我們太開心啦！

靈魂足夠有趣，也可以白吃又白喝。Can you do it？哈哈。

關於牟利飯局，你應該關注的核心問題是：如何讓對方感到備受尊重。

在《論語‧鄉黨篇》中，孔子說道：「有盛饌，必變色而作。」意思是：飯局之上，如有大菜、硬菜，需做相應的表情，來感謝主人的盛情。

「飯局不是萬能的，沒有飯局是萬萬不能的。」透過飯局牟取各種利益，用一個很傳神的詞形容就是「勾兌」。而所有「勾兌」都建立在讓對方感到備受尊重之上。兩千多年前，孔子講解得很清楚。

今天，初入社會的年輕人一步一腳印，在專業領域打好基礎，這當然很重要。而除此之外，還有兩條捷徑你要把握好：會議和飯局。

工作之中，你會出席各種會議。如果表現出色，老闆自然會對你刮目相看。得到 App 上有很多介紹如何開會的書和課，你可以自己去學習，這裡就不再贅述了。

通常情況下，老闆覺得你不錯，才會帶你出席飯局。第一次你表現出色，就會有第二次、第三次……老闆如果願意多次帶上你，恭喜

你，你的機會來了。但問題是，你準備好了嗎？

我給你以下幾點建議，提醒你注意：

- 衣。老闆帶你出席飯局，飯局上還有其他人，通常是他的客戶、夥伴、朋友，老闆肯定希望你替他長臉。衣著整潔舒適、得體大方是必須的。當然，不同老闆各有偏好，他喜歡保守你就保守，他喜歡開放你就開放。總之，要比平時更好看，讓對方有眼睛一亮的感覺。

- 坐。在孔子的故鄉山東，儒家文化傳統深厚，講究飯局的座次。其他地區的規矩雖然沒有那麼嚴格，但也絕對不能亂坐。你應該聽從老闆安排，他讓你坐哪裡你就坐哪裡。還有，如果整個飯局數你最年輕，那麼你應該等所有人都落座之後再坐下，這是起碼的禮貌。

- 吃。老闆帶你出席飯局，你要明白這並不是去白吃一頓，而是去演一場。切忌盡挑好的吃，吃到別人沒得吃。一定要管住自己。俗話說，「吃相難看」，這是一個很嚴重的貶義詞。總之，你千萬不能給老闆留下這個印象。

- 說。一般情況下，老闆的飯局輪不到你說什麼，除非老闆主動提議你說。但你又不能光吃不說，這樣很難給人留下印象。我認為此時會聽比會說更重要，你不要悶頭吃喝，而要認真聽老闆在說什麼。總之，能把老闆的話給接上、說圓，你就成功了。

李肇星回憶，當年錢其琛外長任命他當中國外交部發言人，他很

緊張，求教老師季羨林先生，先生送他九個字：「不說假話，真話不全說。」豁然開朗。

牟利飯局上固然有表演成分，但為人處事還有底線應該遵守，有所為有所不為。

上面講的是老闆帶你出去吃飯，如果條件允許，你還可以自己在家裡準備一桌飯，邀請老闆和同事出席。只要你真心、用心，大家都是能感受到的，這非常有利於在職場上建立良好的人際關係。

除了社交和牟利，最後不得不提的一種飯局，是敬老飯局。說到底，飯局是人際交往能力的綜合體現，而人際關係的最底層是與自己父母的關係。回家陪父母吃飯，不需要你買單，也不需要你表演，只要你坐在那裡，父母就開心了。

當今的中國父母，幾乎是全世界最好的父母——他們竭盡全力為孩子付出，卻不奢求回報。不能陪自己父母好好吃頓飯的年輕人，很難學好如何參加飯局這項軟技能。這好比習武之人，根骨不正，難以教化。

都說人生是一場修行，什麼是修行？

我認為是把自己不喜歡的，但又應該做的事情做好；既然能做好，那就多做做，做成自己擅長的，甚至喜歡的事情。

人生在世，吃飯是必需的，飯局也是必需的，修行更是必需的。祝願各位年輕的朋友日益精進，前途無量。

儘管古人云
「君子之交淡如水，
小人之交甘若醴」，

但絕大多數現代人的關
係就是透過吃吃喝喝來
維繫和鞏固的。

第二十五封信
把別人工作的時間
用來喝咖啡

東東槍

東東槍

曾任某國際 4A 廣告公司創意總監,並曾在國際快速消費品
公司、科技公司、互聯網公司從事行銷、廣告及創意類工作,
擁有十餘年一線創意文案經驗。

代表作:
《文案的基本修養》[1]
《六里莊遺事》

主理得到 App 課程:
《跟東東槍學創意文案 · 30 講》

---

[1] 繁體版《文案的基本修煉:創意是門生意,提案最重要的小事》,2021 年,
時報出版

讀者朋友惠鑒：

我寫這封信，是想跟你聊聊如何在工作中偷懶。

以前聽過一種說法，「懶惰是人類進步的階梯」，意思是，人類進步全靠那些懶惰的人自己瞎折騰——有人懶得走路，就發明了汽車；有人懶得洗碗，就發明了洗碗機……人類文明就是被一些懶惰的人一磚一瓦地搭建起來的。

總覺得不對勁。那些人，算是懶惰的人嗎？怎麼我認識的那些懶蟲沒有一個從床上跳起來說我要發明個什麼？

想了好幾年，後來才想明白——這句話確實是說錯了。一個人如果真是生性懶惰，那他什麼也發明不出來、什麼進步也推動不了。中國古代笑話裡有一個著名懶蟲，媽媽出門，怕他餓死，烙了張大餅，挖了個圓洞，套在他脖子上。結果出門回來一看，他還是餓死了——正下方的吃完了，懶得把餅轉一轉。

這種餓死事小、出力事大的才是懶惰。懶惰不是人類進步的階梯，是人類進步的滑梯。

那麼，那些發明汽車、洗碗機的人呢？他們不是懶惰的人，他們是偷懶的人。偷懶才是人類進步的階梯，甚至是電梯。

偷懶和懶惰可不一樣。偷懶不是縱容懶惰，而是解決懶惰。

懶惰是不愛出力，所以就拒絕出力，乃至不產出任何成果；偷懶是知道自己不愛出力，但事情還是得辦，於是就想辦法盡可能少出力。

如果在工作上，懶惰就是儘量少做事、不做事，而偷懶是盡量少花時間在做事上，是減少工作對時間、精力的消耗。或者可以說，懶惰是勞動的最小化，偷懶是勞動時間的最小化。

要是說得再大言不慚一點，如果職場裡一個人特別擅長偷懶，那這幾乎可以視作更有效的時間管理的成果，甚至偷懶就是這個管理本身。因為偷懶意味著你要在比別人在更短的時間內完成工作，想辦法以更快的速度、更高的效率完成工作。

以前在廣告公司工作，我老跟同事說「創意工作，唯快不破」。其實不光創意工作，天下工作都是唯快不破，只不過這一點在創意類工作裡表現得尤為突出。創意工作畢竟不是動作和產出都標準化了的生產線，不存在什麼「無差別的人類勞動」；有人的「靈光一現」就是能比得上，甚至能超越旁人的徹夜奮戰、廢寢忘食。不同勞動者之間，甚至每一個人自己的投入時間和產出品質都未必成正比。

這種情況下，與「產出品質」成正比的是什麼？如果先考慮自己的情況，我認為，「投入時間」至少要被修正為「有效投入時間」。

通常，完成一項工作要花的時間可以粗略地包括兩部分，一部分是「把事情做對的時間」，另一部分是「把事情做好的時間」。可以想像成：你的任務是把兩根木條固定在一起，首先你得找釘子和錘子，確

定釘釘子的位置，然後才是拿起錘子一下下把釘子釘結實。前頭找釘子和錘子、確定位置，都是為了「把事情做對」，後頭釘釘子是為了「把事情做好」。

完成一項工作，順利的話，需要的總投入時間是「把事情做對的時間」加上「把事情做好的時間」；但在實際工作裡，很多時間都浪費在了前者上，為什麼呢？

還拿釘釘子舉例：找錘子，找釘子，確定位置，釘進去，發現釘錯了，拔出來；換個釘子，確定位置，釘到一半，位置錯了，拔出來，重來；錘子找不到了，找錘子，找到了，釘子呢？……

可真正與工作成果（把兩根木條固定在一起）有關係的，其實只有「把事情做好的時間」。你用錘子砸了一下還是砸了五下，固定的結實程度可能會有些區別。至於一個人找錘子、找釘子、確定釘入位置是花了三秒鐘，還是花了三個小時，對最終木條固定的結實程度毫無影響。

那麼，怎麼偷懶？怎麼在減少總工作時間的同時，還能保質保量地完成工作呢？

那就得努力減少「把事情做對的時間」——儘量減少「把事情做對」那一步驟所耗費的時間。「把事情做好」這一步的時間不能減少，甚至可能還要多分一些過來才對。

但實際操作起來，「把事情做好」這個步驟肯定包含著無數個細節，每個細節可能又包括「把這個細節做對」的過程。也就是說，「好」

本身是由無數個「對」組成的；以最快的速度完成對這些細節的正確判斷，才能真正「做好」；都「對」了，自然就「好」了。

不好，可以花時間彌補；不對，那就越花時間越壞。「南轅北轍」說的就是這件事：

今者臣來，見人於大行，方北面而持其駕，告臣曰：吾欲之楚。

臣曰：君之楚，將奚為北面？

曰：吾馬良。

臣曰：馬雖良，此非楚之路也。

曰：吾用多。

臣曰：用雖多，此非楚之路也。

曰：吾禦者善。

此數者愈善，而離楚愈遠耳。

還有一個我常講的故事：

一家電廠的發電機壞了，請了一位電機專家來檢修。專家來了以後，這裡看看，那裡聽聽，最後在電機的一處用粉筆畫了一個圈，說：「毛病在這裡。」工人們把那裡打開，很快修好了電機。廠家付報酬的時候，專家說：「一萬美元。」大家很不服氣：「用粉筆畫一個圈，要一萬美元？」

專家說：「用粉筆畫圈，收一美金；知道在哪兒畫圈，九千九百九十九美元。」

現實中，我見過很多畫了幾十上百個圈，錯了擦、擦了再錯的人，也見過已經知道在哪兒畫圈，但又白白花了好多時間研究怎麼把那個圈畫得再圓些、再美些的人。每到這個時候，我就想起魯迅筆下阿Ｑ的那句至理名言──「孫子才畫得很圓的圓圈呢？」

━

如此說來，要正確地偷懶，似乎就要做到以下幾件事。

首先，應該用盡量少的時間把事情做對。其次，應該盡量把有限的時間都花在把事情做好上。最後，應該破除對「完美」的執迷（如果有的話），因為先「做對」才重要，否則怎麼「做好」都是浪費。你得時刻記著，別追求完美，先追求正確。

我以前還不小心說出過兩句「名言」，一句是「不假思索地開始一項工作，是浪費時間的最佳途徑」，另一句是「想明白，才能做明白」。

想明白什麼？是這四件事──確立標準，評判方法，安排步驟，預估時間。

要偷懶，就要記得提醒自己：如果拿到的是一張印刷模糊不清的試卷，一定別急著開始答題；答了也是白費時間。這是確立標準。

要偷懶，就先別急著「做好」，在確定怎麼「做對」之前，「做好」是不可能的。想想釘釘子的事情，沒找對位置，直接掄錘就砸？砸得越結實越費事。這是評判方法。

要偷懶，就要隨時回顧，分段確認。釘子砸進去了才發現位置有

誤，這是常有的事。這是安排步驟。

要偷懶，就要比別人更專注、更敏銳，要更快速地瞭解情況，做出判斷。這是預估時間。

很抱歉，要做到這些，你需要比別人更努力，而且是更有效地努力，這樣，你才能在更短的時間內、花更少的力氣完成你該完成的工作，才能把別人工作的工夫花在喝咖啡上。

但好消息是，這些努力終究會變成你的「包漿」[2]，變成你可以傍身的軟技能。更多的觀察與思考，會讓你更瞭解自己在做的事情，讓你今後每次都比別人更快地做出正確判斷，你喝咖啡的時間會越來越寬裕。

而且，也別忘了讓別人看到你的產出，要讓他們知道你雖然在喝咖啡，卻照樣有保質保量的工作成果。這會打消旁人對你的懷疑，讓他們建立對你的信心。這種情況下，你的工作成果就是你的護身符。

我經常鼓勵職場裡的同伴學會偷懶，我自己也喜歡那些擅長偷懶的人，因為偷懶的人往往是更加珍惜時間的人——他們在把事做對、做好的前提下，努力減少工作時間，是因為他們希望把那些時間用在更有價值、更有意義，或者更好玩的事情上。

我不認為世上有任何人應該或者能夠做到把百分之百的精力都投入到一項工作中。如果有誰這樣自詡，那他八成是信口胡謅或者居心叵

2　包漿，古玩行話。意指古玩經長期摩弄而發出的光澤。

測。如果有誰這樣要求別人，那你最好對他敬而遠之。

　　生命短暫，時間稀缺，我們註定不能在任何一件事情上無限投入。追求完美或許是個很好的口號，但它註定是個不可實現，也不可度量的目標。我們能做的，只有在有限的時間內努力產出，或者儘量減少無意義的時間消耗。我所謂「偷懶是人類進步的階梯」，就是這個意思了。

破除對「完美」的執迷
（如果有的話），因為先「做對」
才重要，否則怎麼「做好」都
是浪費。

你得時刻記著，別追求完美，
先追求正確。

石地

第二十六封信

沒有權力，
該怎麼施展領導力

湯君健

湯君健

得到職場教練，茂諾管理諮詢董事長，曾任寶潔[1]全國零售
管道銷售總監。

代表作：
《中小企業識人用人一本通》

主理得到 App 課程：
《湯君健・給中層的管理課 30 講》
《怎樣成為帶團隊的高手 2.0》
《有效提升你的談判能力》
《有效提升你的職場價值》
《怎樣成為時間管理的高手》
《有效提升你的職場說服力》

---

[1] P&G 集團。台灣稱寶僑家品股份有限公司。

朋友你好：

我是得到職場教練湯君健。

與職場有關的軟技能看似很多、很雜，但它們其實可以進一步去分解和歸類。我把軟技能分解為「為人」、「處事」兩大類，「個人」、「人際」、「團隊」、「目標」、「解難」、「過程」六個子類。感興趣的話，你可以在我的得到 App 課程《湯君健‧給中層的管理課 30 講》裡查看我為你準備的軟技能自查清單。

在職場中，要想做好手頭的工作，清單裡的每一項軟技能都很重要。例如，具備「個人」這一子類下的抗壓能力，你就能在多線程工作中提高效率；掌握「解難」這一子類下的分析判斷能力，即便遇到複雜問題，你依然可以保持思路清晰……

脫不花讓我從這張清單中，選取幾項大廠最看重的軟技能。如果你希望加入大廠，並在其中獲得發展和晉升機會，請繼續往下讀吧。我會為你介紹一套「能力的組合拳」，也就是咱們接下來要聊的領導力。

你也許會問：公司裡主管的位子就那麼幾個，人人都鍛鍊領導力，去哪兒找那麼多「坑」來為晉升做準備？

這裡我們要先回到「領導力」的定義上。我想為你介紹的「領導

力」，準確地說叫「非授權領導力」，也就是你還不是主管時，表現出來的、能夠引領他人完成任務、達成目標的能力。與之相對應的叫「職權領導力」，也就是我們通常理解的一個人坐在領導的位子上所表現出來的管理能力。但說實話，**一個已經坐到領導者位子上的人是很難鍛煉出真正的領導力的**。成為團隊領導，常常意味著你說什麼都對；大家追隨的是你的位子，不是你這個人。而大廠之所以需要各級普通員工也具備非授權領導力，是由它的三大職場特點和一條職業發展原則決定的。

大廠的第一個職場特點就是「大」，人多。你不要小看這個「大」字，一個團隊如果只有兩個人，他們開一次會就可以完成溝通；如果團隊有五個人，他們兩兩開一次會，就需要開（4+3+2+1=）十次才能完成溝通。你會發現，對於團隊管理而言，規模擴大所帶來的合作複雜度上升，是一個類似於指數的非線性增長模式。我們都知道眾口難調，如果所有人都帶著自己的想法，或者什麼事都指望上級主管去指派，那麼大廠的效率將會低到什麼事都做不成。而如果員工具備非授權領導力，就可以把每個個體的主動性發揮出來，讓他們形成自下而上的合作，推動工作落地。

大廠的第二個特點是標準化程度高，一切按照標準走就好了，人在這類體系裡很容易產生惰性。如果你在一份工作中始終只能達到標準期望，而沒有辦法超出標準期望，那麼可想而知，你的發展和晉升速度大概也只能和大盤保持一致——大家水準都差不多嘛。既然任何一家公司金字塔塔尖的位子都是少數的，而你又想「跑贏大盤」，那你就必須有超出標準工作流程之外的產出。

對於大部分的硬技能、軟技能，大廠都會進行充分的培訓，並給

到具體的操作流程。唯獨在選拔幹部這件事上，大廠既沒有辦法先提拔（業績好的人）再培養——萬一你管理能力不行，一時半會兒培養不起來，那豈不是會牽連一整個團隊；也沒有辦法先全員培養，再提拔——畢竟領導者的位子是少數。所以，非授權領導力是考察、選拔人才的抓手[2]，透過它可以看出人與人之間的差異所在。

大廠的第三個特點是資源分布極不均衡。別以為大廠家大業大，有花不完的錢，實際上，由於大廠的第一個特點——「大」，人多，資源再多，分下來也未必有多少；而非授權領導力可以有效引導公司把資源投給那些能力更強、更能產出效果的小團隊。

也就是說，大廠依靠一群從賽馬機制中脫穎而出的小團隊，自上而下地分散較為僵化的決策風險。打個不甚恰當的比方，大廠就是一家風險投資機構，每個員工或者每個小團隊就是一家小微創業公司。作為「創業公司」，你要引導你的上級為你工作——為你投入資金、時間、人力等資源，而不是等著上級給你布置工作，然後為他工作。

再來說大廠的職業發展原則——你在依附於某個機構、組織、團隊的同時，也要鍛煉自己「不依附」的能力。這並不是鼓勵你跳槽，而是要你鍛煉「如果在大廠發展不順，敢於跳槽」的能力。熊太行老師說的「零號原則」，也是這個道理（請翻閱本書「在公家機關內工作，需要什麼軟技能」）。

---

2 網路用語，指著力點。

怎麼做到「不依附」呢？非授權領導力就是你要掌握的本領。想想看，離開大廠時，如果你只能帶走大廠給你的光環，而帶不走什麼資源和人脈，那麼一旦離開某個熟悉的流程、體系，你就無法號召一個團隊，讓大家追隨你。請問，有什麼公司會接納你呢？它圖你啥呢？

我曾經在 P&G 這樣一家巨型世界 500 強企業工作。我發現，他們對員工非授權領導力的考察在應屆生畢業招聘時就開始了。我至今仍記得，當年參加管理培訓生招聘面試的時候，面試官在一小時的時間內讓我介紹了至少五個案例，都是圍繞在校期間我是如何帶領、影響他人完成目標展開的。事實上，我並非學生會主席，讀書時也沒有實習經歷，更沒有創業經驗。我舉的例子，大部分都是我影響了團隊中的領導者、其他成員，最終取得結果突破。若干年後，我自己也成了面試官，面試過很多個學生會主席，但我並沒有讓他們通過——我在他們身上看到的只有那個領導者位子給他們帶來的職權領導力，而他們影響上級、平級和其他利益相關方的非授權領導力則表現得十分薄弱。

進入 P&G 之後，是非授權領導力幫助我快速成長。我剛工作的第一年就敢向職級比我高三、四級、工作超過十五年的管理者申請資源。當時，我負責廈門零售市場，發現當地有一個叫「博餅」的中秋特色活動，家庭、企業都會拿日化產品[3]作為禮品。由於這個活動只有以廈門為中心的閩南地區才有，P&G 作為一個全球性品牌，競爭力還不如一些本地企業。

從公司層面考慮，這只不過是一個地方性活動，無關痛癢；但在

---

3 指日常使用的化工用品。

我看來，這是能給我所負責的區域帶來業績增長的寶貴機會。於是，在銷售部經理的支持下，剛剛大學畢業的我給各個品牌部的通路負責人寫郵件，告訴他們這樣的生意機會。當與我同時進公司的同事還在按標準操作流程工作時，我已經從公司總部那裡直接爭取來了比過往多一倍的資源；作為回報，我也給公司帶來了超過一倍的業績增長。

秉承著這樣的工作習慣，我在 P&G 工作的第六年就晉升到了銷售總監的位置。而參考通常的晉升節奏，成為一名銷售總監需要八～十二年的時間。

二〇二三年是我連續創業的第八個年頭。對，我早已離開職業經理人的體系，成立了自己的諮詢團隊。現在，我要「領導」我合夥管道的員工，讓他們知道如何更好地跟我們團隊協同配合；還要「領導」我服務客戶的員工，幫助他們學習我為他們公司設計的管理流程。

作為團隊的領導者，我仍然在打磨自己的非授權領導力。

━━

下面我會為你介紹非授權領導力具體有哪些子能力。我從一開始提到的軟技能自查清單中選取了七項（見表 26-1）。把這幾項核心軟技能鍛煉好，你在大廠的發展就能少走很多彎路。

表 26-1 非授權領導力的七項子能力

為人	處事
個人:誠信正直、積極主動	目標:結果導向
人際:影響能力	解難:分析判斷
團隊:領導變革	過程:計畫執行

幾乎所有講領導力的教材都會把誠實正直放在第一位,它也是「為人」類「個人」這項的第一條。這種能力是「1」,其他所有能力都是「0」——沒有誠實正直,即便你把其他軟技能練得再好,別人也不會追隨你。

這意味著你在工作中要做到:言行一致,不能說一套做一套;信守承諾,答應別人能達成什麼樣的結果,你就應該盡最大的可能去實現,而對於你無法達成的,就不要拍胸脯承諾;坦誠直接,敢於把困難實事求是地說出來。

根據我的觀察,在這幾點裡最難做到的是坦誠直接。我建議你在處理一些特別艱難的談話時,用「過橋語言」給自己和對方一個緩衝。例如,有一個壞消息要告訴上下游的合作夥伴時,你是不是可以先這樣說:「我有一個壞消息要告訴你,我知道你聽了之後會非常失望,但是作為這件事情的參與方,我有責任讓你知道真相。」然後再把情況如實告知。

▬

再來看積極主動。你可以從獨立行動、善用機會、主動投入這三

個維度來進一步理解它。獨立行動意味著工作中沒有人會手把手告訴你問題出在哪裡、哪些地方可以改進，一切都需要你獨立思考、自己去找。善用機會是指當你發現機會點之後，要把它轉化成突破口。前文提到的我在廈門本地發現博餅活動這個機會的例子，就是如此。而關於主動投入，你要明白的一點是，**完成主管布置的任務是這份工作給你的最低要求；能做到什麼程度，還得靠你自己琢磨**。很多工作的確是做也行，不做也行。而你做了，就是積極主動；沒做，就可能和一個機會失之交臂。

想要鍛煉積極主動這種能力，你可以給自己準備一本工作日志，每天記下生意中、管理流程上存在的問題點。如果你不確定這些問題點能否變成一個新的機會點，你可以向主管、經驗更豐富的老員工、外部專家虛心討教。

有意識地記錄下身邊的問題，就已經是積極主動的第一步了。

人際方面，我推薦你鍛鍊影響能力。具備非授權領導力的人能靈活運用多種工具和技巧發表自己的想法，並尋求他人的意見，而不會把自己當作高高在上的管理者，對他人指手畫腳，不讓人說話。這有一個前提，就是你要以身作則，以便獲得他人的信任與支持，在下屬和同事間樹立起威信。除此之外，你需要換位思考，敏銳地預見他人的需求；過程中根據對方的反對意見，更有針對性地說服。

鍛鍊自己的影響能力，要牢記一點：比說服更重要的，是選擇用什麼方式去說服。我在說服公司往廈門投入額外資源的時候，並沒有以

「吵架」、「嗓門大」的方式給公司內部施壓。因為我在瞭解情況以後發現，各品牌一開始之所以不願意投資，不是因為針對我，而是因為他們完全不知道博餅和公司的快消品之間有什麼關聯。此外，各個品牌總監的時間非常寶貴，不太可能聽全國每個城市的銷售說一遍特殊情況。

於是，我寫了一份關於博餅的一頁紙介紹，把什麼是博餅、為什麼要做博餅節活動、品牌怎麼配合我做博餅節活動等資訊列出來。選擇對的方式，一場三十分鐘的會議就可以把情況介紹清楚了——這對於提升你說服和影響他人的能力很重要。

再來看團隊方面的軟技能，我向你推薦領導變革的能力。為什麼？培訓、輔導、激勵他人固然重要，但在大廠中，這都是由上級完成的，**管理好變化才是非授權領導工作的源頭**。你可以從調整行為、接受變化、提前準備這三個維度去管理工作中的變化。

調整行為是指，你願意積極接受新的任務和挑戰，支援創新性和開創性專案，在自己的職能領域採取新方法。接受變化是指，你要樹立團隊變革的緊迫意識，並能夠從一些細節預測到未來的發展趨勢，向團隊和組織傳達變革的益處。提前準備很好理解，就是你可以系統分析、準確判斷變化可能帶來的各種影響和結果，從而把握先機，拿出一套可行的應對方案。

如果你是大廠裡的一名「非領導者」，我非常建議你多參加本職工作之外的項目。很多專案是為了對現有工作流進行優化、變革而發起的；在項目組裡，你和其他同事並沒有實線的彙報關係，但你依然要推

動落地，這是非常考驗領導變革能力的。你要把項目的緊迫性傳遞給利益相關方，還要提前做好各種甘特圖、專案說明書等，為團隊適應變化做好準備。所以，不少大廠甚至會把有沒有擔任過專案經理作為晉升總監的前置要求，透過做專案考察是否是高潛力的人才。

我把「處事」類的能力按「目標」、「解難」、「過程」這三項做了拆分。我們一一來看。

如何讓自己更有目標感？我建議你試著改變一下自己說話、想事情的方式：從「之所以搞不定工作中的難題，是因為理由1、2、3」，變成「要搞定這個難題，我需要公司在1、2、3項上提供支援」。兩者看起來說的是同一件事，傳達出來的態度卻很不一樣——前者是「這事我做不了，編個理由隨便糊弄一下」，後者則是「你們聽我指揮，大家一起把這件事搞定」。不要小看這點細小的區別，關鍵時刻，往往是這樣的細節決定了周圍人對你的評價。

對，做事有目標感，意味著你可以從結果倒推眼前應該採取的行動。我認為這種結果導向能力的鍛鍊，可以從正確投入資源、提升業績這兩方面切入。

正確投入資源和結果導向有什麼關係？企業在多專案的管理過程中，資源往往是相對有限的，需要充分而有效地分配和利用。所以應該保持一線清明——我現在調用公司資源去做的這件事，符不符合公司戰略優先順序的安排，能不能幫助企業戰略目標落地？同理，提升業績的實現方式也應該是，對內部流程和管理進行全面診斷，尋找並改進那

些不能帶來價值增值的環節，把好鋼用在刀刃上。

解難，也就是通過分析判斷化解難題，它的背後其實是一套金字塔結構化的思維模式。讀完劉潤老師的來信後（請翻閱本書「有對象感，才能寫出對話感」），想必你已經知道如何利用 SCQA 模型去構建邏輯思考了。這套模型不僅是寫作的幫手，還能幫你在處理複雜資訊時抓住別人沒有發現的關鍵點，幫你在危機來臨時快速定位問題，採取相應的措施以防同樣的問題再次發生。

得到 App 上有非常多關於結構化思考的優秀課程，推薦你學習。此外，我建議你養成收集結構模型的習慣，例如電商運營 AIPL 漏斗分析、行銷 4P 理論、人力資源六大模組等，都可以收集起來。這些經典模型往往是高度結構化的，並且經過前人驗證。

過程這一項，可以進一步拆分為計畫、執行、調整三個步驟。計畫是指，你要主動根據公司發展和行業環境變化制定長期目標，並將其細化為中期、短期目標，設定優先順序。執行說的是，要針對可能存在的風險制定應變方案；即使出現突發情況，也要順利完成。此外，在計畫執行過程中要進行階段性的分析和總結，及時進行相應的調整，可以按時保證品質地完成工作。而調整是指，開發系統來設計和評測工作流程。

除了多參加項目組工作（每個項目都要走完計畫、執行、調整這三個步驟），我還建議你刻意練習自己敏捷執行計畫的方式。這是因為，在專案裡跑完計畫、執行、調整這三個步驟，通常耗時較長。舉個例子。你有四個月的時間完成一次活動促銷流程的優化，傳統做法是花一個月的時間做計畫，一個月的時間做執行，一個月的時間調整，最後

一個月進行複盤和彙報。而敏捷工作法要求你在兩周甚至更短的時間裡跑完一個步驟，這樣你就可以在四個月裡反覆運算八次甚至十六次。

◼

關於非授權領導力的鍛鍊方式，到這裡就介紹完了。我建議你把「為人」「處事」兩大類，「個人」「人際」「團隊」「目標」「解難」「過程」六個子類的相關描述與自己工作中的案例進行匹配和對照，給自己目前的情況打個分。這樣你就可以看到自己的非授權領導力和一個組織的標準要求之間有怎樣的差距，並在接下來的時間裡刻意練習。

祝你早日成為真正的領導者。再見。

你要引導你的上級
為你工作——為你投入資
金、時間、人力等資源，

而不是等著上級給你布置工
作，然後為他工作。

第二十七封信

社恐不是你的錯

王爍

王爍

財新傳媒總編輯。二〇一六年入選「耶魯世界學者」。

代表作：
《多維思考》
《跨界學習》
《在耶魯精進》

主理得到 App 課程：
《30 天認知訓練營》
《王爍・大學・問》

各位讀者朋友：

　　要講「陌生人社交」這項軟技能，我們不妨先回到其源頭去觀察。我身邊就有一個可觀察的標的，二寶。他在我們家雖最小，卻是個「社牛」。我們家上溯三代，沒一個比他更會社交的。

　　我觀察到了兩個例子，一正一反。先跟你講正面例子。

　　二寶進小學沒兩天，就跟班上最好看的女同學一起玩了。「男同學都想跟她玩，就我做到了。」

　　你是怎麼做到的？

　　「第一步，跟她說話。」

　　可以。第二步呢？

　　「緊張。」

　　呃，我忍住沒評論。那第三步呢？

　　「緊張的時候要扛住，扛住就好了，就可以一起愉快地玩了。」

　　過兩天，我想瞭解他們一起玩耍是否可持續，又去問二寶。

　　「今天也一起玩了。」

　　你以前靠克服緊張，今天靠什麼？

　　「今天我把朵拉發明的遊戲帶去跟她玩。」朵拉是二寶的姐姐，剛剛自創了一個桌遊。

　　你為什麼要用朵拉的遊戲？

「遊戲是朵拉發明的，女生發明的遊戲，女生會愛玩。果然。」

二寶這套社交打法簡單是簡單，但如果仔細拆解，會發現具備幾個關鍵模組：

第一，邁出第一步，開口——這是最重要的。

第二，開口必須克服心理上的自我抑制，而克服它並無秘訣，就是挺過去。

第三，要找到共同語言。

無師自通，二寶自如運用了這三大模組，取得了效果。小伙子不錯，對吧？

現在講反例。

還是二寶。他在冰球場練球，有個小朋友覺得他身手不錯，走過來搭話：「你好，能交個朋友嗎？」

我想當然地以為，社牛二寶會熱情接住人家拋來的邀請，卻沒想到他身體往後縮了縮，然後開口說「不」。

聽到這個字，我是震驚的。我們家前無古人的大社牛，怎麼忽然變得像一個社恐了呢？

繼續觀察，發現二寶並非對人家毫無興趣，相反，可以說他很有興趣。人家在哪裡練，他就出現在附近；人家做什麼動作，他也做什麼動作。簡直是有意在招蜂引蝶。

你到底是想跟人家說話還是不想，確定一下好嗎？到最後，二寶也沒有邁出與人交談那一步。

同一個二寶，為什麼有時社牛，有時社恐？

我繼續研究，觀察二寶，也觀察其他小朋友。為什麼是小朋友呢？因為他們較少刻意訓練，也還沒有理論加持，行為比較接近「原生態」。類似的場景見得多、積累得多了，我創建了一個假說，分享給你。

社牛和社恐具有二象性，共存於一身。什麼時候哪一面現身，主要取決於環境。

什麼時候是社恐呢？

純陌生人社交時，傾向於社恐。純陌生人社交指這類場景：大家從未見過，從機率上講以後再見的可能性也極小。萍水相逢，擦肩而過，從此相忘於江湖。

什麼時候是社牛呢？

可重複社交時是社牛。可重複社交指這類場景：初見自然是陌生人，但大家心裡都清楚，彼此要在同一時空中相處，遲早會熟絡起來。

上升到這個理論高度，我就明白了：二寶既不是單純的社牛，也不是單純的社恐，他是社牛和社恐的混合體，人類用幾十萬年演化出來的一個正常人。

不光二寶，我們都一樣。社牛和社恐的成分我們哪一樣都不缺，差別只在於這兩者的含量不同。

社牛、社恐共存於一身，源自進化心理學，而進化心理學植根於人類演化史。

自智人開始直立行走以來，人類絕大多數時候都要面臨一種黑白分明的處境：

一面是熟人社會。規模小，內部紐帶牢固，往往以血緣為基礎。簡而言之，每個人都熟悉所有人，在此之上衍生出基於地域、語言的強力連結，並在擴展中持續加固。熟人社會中沒有社恐。如果說每個人都是其社會關係的總和，那麼熟人社會中每個人社會關係的總和接近均值。

另一面是陌生世界。陌生世界並不遠，走出熟人社會便是。那裡你誰也不認識，誰也不認識你。不要以為這是社恐的天堂，危險常常在此降臨。

只要讀過人類學家關於原始人類群體的考察報告，你就會知道，對他們來說，陌生人意味著危險；走出村落就好比進入戰區，遇到的每個人都會將你這個陌生人當作敵人——他為何不好好待在自己的村落裡，而要來我們這裡？是不是來為突襲做偵察的？

與其假設他存著好意，不如相信他心存歹意，因為前者潛在收益有限，而後者潛在損失無限。

在人類演化史上的絕大多數時間裡，一旦走出熟人社會，我們就會被鎖死在與陌生人之間的囚徒困境裡。於是乎，與其跟陌生人交往，不如老死不相往來。你這麼想，他也這麼想；對每個人來說，這都是有利於生存的較優選擇。

幾十萬年下來，社牛和社恐的成分就透過不同通道分別植入了我們的基因。每個人面對熟人都會表現出社牛的一面，面對陌生人則會表現出社恐的一面，原因就在這裡。漫長的演化在我們每個人的身體裡都

埋下了這個隱藏開關。

只不過，人的演化太慢，而社會的變化太快。今天，雖然這個開關還頑強地存在著，但它早已經跟不上時代的變化了——現在我們有了秩序、法律、規則，陌生人之間的交往風險與過往不可同日而語。以前社恐是用來保命的，現在需要保命的時候並沒有那麼多。如果說過往生存的風險壓倒一切，那麼現在隨著風險降低，陌生人帶來的新資訊、新想法、新工具、新事物、新辦法的益處大為彰顯，有了價值釋放的機會。這時，身體裡那個隱藏開關倘若自動打開，便會和社會變遷產生劇烈的錯配。

如若社恐，責任不在你，在那該死的錯配。

我講這些道理，是為了替你放下包袱——大家都是社恐，社恐也不是誰的錯，自有演化來背鍋。自從知道自己對自己的社恐沒有責任之後，我就放下了精神上的負擔。

理解這些很重要，因為社恐首先是心理狀態，心病需心藥治；明白我們對此並無責任，才能放下，獲得解放與自由。這是關鍵一步。

但這一步邁出去之後，怎樣與陌生人講話這個技術問題仍然擺在我們面前。解決技術問題，需要刻意訓練。

訓練什麼呢？

二寶的「開口——硬挺住——尋找共同語言」三件套不失為一個好起點。把可重複社交環境中首次破冰的套路移植到純陌生人交往環境，沒有什麼不可以。

事實上，從開口到硬挺住，再到尋找共同語言，每一步都是個過濾器——能開口就戰勝了一批人，挺得住又戰勝了一批人；如果還能找到共同語言，你就戰勝了大多數人。

在這個基礎上，我還有進一步的建議。

第一個建議，找細節。

跟陌生人說話，不是不可以問「你是誰」、「從哪裡來」、「到哪裡去」、「做什麼」這一類事實問題，而是這些問題不僅普通，還像是在搞調查。更好的辦法其實是從細節入手，觀察對方身上有意思的細節，任何有意思的細節都行，然後從那裡發起對話。

這就需要第二個建議，不要注意你自己，要關注對方。

跟陌生人談話往往有兩種路數：一種是讓自己爽，自說自話自己嗨；另一種是以對方為重，向對方提問，讓對方表達。

我想告訴你的是，與其讓自己爽，不如以對方為重。你知道的，僅僅是自己在那裡講，你能學到的東西會非常有限。

很多人倒不是為了自己爽，而是犯了一個我時常犯的錯誤，就是與陌生人說話時，想自己想得太多，特別是想別人怎麼看自己想得太多——**過於關注自己給對方留下了什麼印象，反而把注意對方這件本該做的事忘掉了。**

這樣一來，一是會關心則亂，越說越亂，二是對話很快會變成一種尬聊。

對話本來是相互交換資訊，相互提供下一輪對話的線索，如果注意力全都放在自己身上，便不可能關注對方拋來的線索，無法獲得進一步展開對話所需要的細節，於是便會使對話就此打住。

我曾經見過這樣一種人，跟你初次見面，他很快就知道你想要的是什麼，而且讓你覺得他能幫你獲得。這種人不是凡人可企及的，但我們至少可從他那裡學到一點：像雷達一樣把注意力聚焦到對方身上。

■

第三，傾聽，而不是假裝聽。

傾聽是普通人對陌生人最真實的禮遇。傾聽意味著你真的想知道對方在想什麼，而且你對對方的關心到了想知道這些的地步。但實際上，許多時候，我們是假裝在聽，實則在準備發言，表現得迫不及待。這時我們便又忘了，自己講話時學不到東西，假裝傾聽更學不到。若要瞭解對方，展開有意義的對話，非傾聽不可。

傾聽對有些人來說是輕輕鬆鬆、自然而然的，他們有好奇心，相信任何人都是有趣的。如果你不是這樣的人，不妨為自己設定一個工作任務，拉清單，告訴自己與陌生人說話一定要獲得一些東西。例如，關於這個人我知道了什麼？他最關心什麼？他對這次談話感覺如何？

如果事後你對清單上的提問語焉不詳，那你還得多聽。

第四，捕捉言外之意。

一般來說，人們的說話和思考是不同步的。思考速度遠超說話速度，大腦感知、消化資訊的速度太快，往往是話一聽就覺得懂，於是大腦頻寬會有剩餘，非常容易走神。

對大腦冗餘頻寬的更好用法，是開動腦筋去想對方的言外之意，去理解對方真實的意圖。一邊聽一邊問自己：他說這話是什麼意思？他為什麼要跟我講這些？他希望我做什麼？

第五個建議，不要過度腦補。

要多想，但不要替對方下結論，而是要多提問題，提真問題。前面講不要假裝聽，要真聽；這裡我想和你強調的是，不要假裝問，要真問。

所謂假裝問，指表面上提問題，實際在給對方下定論。我們太習慣這麼做了：「為什麼不？」、「對不對？」但凡問題裡有這樣的詞彙，就說明你不是在提真問題，而是要表現自己已經知道答案了。只有不帶目的、不預設結論地參與對話，才能讓對話帶你到達未曾想像的地方。

第六個建議，沒聽懂時不放過。

如果對方說了什麼你覺得意外或者不解的，不要讓它溜走。一般人很少會為了搞明白對方的意思而讓對話停下來，他們寧可去腦補。但這時恰恰應該停下來問一聲：「這句話我沒聽懂，你能再說一遍嗎？」

不要想當然，要牢記對方跟自己不一樣。沒聽懂，要麼是因為資訊有差別，要麼是因為立場有差別。只要把這些不懂的地方搞懂了，你就要麼能學到新東西，要麼能更好地瞭解對方。

第七個建議，也是我給你的最後一個建議，請收下：無話可說時，

請享受沉默。

　　對方沉默有很多原因，其中一種是他不知道怎麼說，正在尋找合適的表達。這時，如果你急於打破沉默，主動插話，反而會打斷他的尋找，他可能乾脆就不說了。相反，你也沉默，把時間交給對方，然後泰然等待，其實是更好的選擇。

　　有時，沉默之後說的話更有價值。

只有不帶目的、不預設結論
地參與對話，
才能讓對話帶你到達未曾
想像的地方。

王煒

第二十八封信
如何收穫
高品質的親密關係

陳海賢

陳海賢

心理學博士，知名心理諮詢師，家庭治療師。擁有十六年心理諮詢經驗，接待來訪者超過八千人次。

代表作：
《愛，需要學習》
《了不起的我》[1]
《幸福課》

主理得到 App 課程：
《陳海賢‧自我發展心理學》
《陳海賢‧親密關係 30 講》
《陳海賢‧家庭關係 21 講》

1　繁體版《了不起的我：0 到 99 歲適用，自我發展的心理學》，2020 年，如何出版。

親愛的讀者朋友：

見字如面。

我是一名心理諮詢師，也是家庭和親密關係專家。在這封信裡，我要為你介紹經營親密關係的軟技能。

關於如何建構與上級、同事和下屬的關係，這本書裡已經有幾位作者為你介紹過了（請翻閱本書「領導團隊，需要什麼軟技能」、「沒有權力，該怎麼施展領導力」）。我想帶你瞭解的是，怎樣經營與你最親密的人之間的關係。

我接待過很多夫妻，跟他們一起處理親密關係中的難題。有很多人問過我：「陳老師，你覺得經營好親密關係的秘訣是什麼？」

你可以想像，這是一個很龐雜的課題，傾聽、深度溝通、尊重邊界、處理差異……哪樣都不能落下。可是要論根源，所有能力都和兩個關鍵字有關：一個是「關係」，另一個是「處理」。

如果你正在戀愛、婚姻中，或是剛打算開始一段關係，那麼就請你打起十二分的精神來。接下來我會帶你去看，怎麼從「關係」和「處理」出發，建構高品質的親密關係。

法國哲學家盧梭曾經說過：「雖然被屋頂上偶然掉下來的瓦片砸

到會很痛，但被一顆向你蓄意丟來的小石子砸到更痛。」如果這顆小石子是由愛人扔過來的，痛苦還會加倍。

我在《愛，需要學習》中提到，親密關係裡任何一件事情的發生，都可以從兩個層次進行解讀。

第一個層次是，事實本身是什麼，我稱之為「事實事件」。在盧梭的這句話裡，事實事件應該是被瓦片砸到或被小石頭砸到。

第二個層次是，這個事實背後所代表的關係是什麼，我稱之為「關係事件」。它在盧梭這句話中對應的是「蓄意」二字——誰向你扔的小石子？他是不是有意的？他想用扔石子表達什麼？

在與伴侶的相處中，對於「關係」的解讀時時刻刻都在發生。一旦我們從伴侶的言行中覺察到否定、蔑視、遠離、背叛，它們就會演變成我們內心真實的痛苦和傷害，進而引發憤怒和反擊。

有一天我在一家餐廳吃飯，聽到旁邊一對夫妻的對話：

妻子：這幾天沒睡好。
丈夫：這幾天天氣熱，人就是容易早醒。
妻子：我有點擔心女兒上托兒所不能適應。
丈夫：小孩子嘛，不都這樣，過一段時間就好了。

妻子歎了口氣，不再說話。

在這段對話裡，妻子一直跟丈夫溝通生活中某些方面的問題，丈夫卻一直強調一切正常。也許丈夫是想通過強調「沒事」來安慰妻子，殊不知從關係的視角看，他其實是在不斷否定妻子的經驗和感受。而這

種否定把進一步回應和溝通的可能性都拒之門外了。

別小看這種拒絕，它還包含著控制和權力鬥爭的種子，因為它傳遞的關係訊息是：

「你說的不對，我說的才對！」

「你說的不重要，我說的才重要！」

「我不要你按你的方式說，我要你按我期待的方式說！」

這樣的對話繼續發展會變成什麼樣呢？

一種可能是，妻子會不斷強調讓她焦慮的事，而丈夫會不停重覆這些事不重要，之後這會成為夫妻之間一種固定的溝通模式。

這種溝通模式持續得足夠長，就有可能改變夫妻的個性──妻子會因為得不到丈夫的回應，變得越來越焦慮；而丈夫也會因為要迴避妻子的挑戰，變得越來越淡漠。情感反應也會變成權力鬥爭的一部分──妻子會用她的焦慮來強調她說的事情的重要性，而丈夫會用他的淡漠來說明這件事根本不重要。

另一種可能是，妻子覺得對方不能理解自己，丈夫覺得妻子不可理喻，兩人開始放棄溝通，在婚姻裡陷入孤獨狀態。

相反，如果瞭解這背後的關係，他們就隨時可以放下對表面事情的爭論，透過深度溝通來化解問題。如果丈夫知道妻子在關係裡想要的是他情感的共鳴和回應，他就不會把注意力放在要不要同意妻子的判斷上，而是會去安撫妻子焦慮的情緒。同樣，妻子也不會只是跟丈夫說一件又一件焦慮的事，她可能會更直接地提出自己的需求：「我想讓你安

撫一下我的焦慮。」

傾聽、表達需要、深度溝通……很多親密關係中的軟技能，都要從理解「關係」開始練習。「關係」的視角，不僅能讓我們理解問題，也能幫我們找到一條出路。夫妻雙方只有看到「關係」背後傳遞的真正訊息，才能真的理解彼此並發生改變。

再來看另一個關鍵字「處理」。

在進入一段親密關係之前，人們通常會對伴侶和這段關係有很多美好的假設。這些假設也許會實現，但它們不是關係的全部──親密關係總是在發展，會湧現出各種問題。如何處理這些問題，決定了親密關係的品質。

面對這些問題，大部分人所做的其實不是處理，而是「反應」。憤怒、抱怨、指責……這些反應背後，自然有我們的委屈和不滿，但也映射出了我們對伴侶和親密關係「應該如何」的想像：

「他應該跟我好好溝通。」
「她應該支持我的事業。」
「他應該參與孩子的教育。」

這個時候，你需要問自己：「對，他就是跟我想的不一樣，然後呢，我要怎麼辦？」

「怎麼辦」會導向「處理」，並讓你放下「他應該怎麼樣」的執

念——「他應該怎麼樣」是一個理論問題，而「他的反應不是這樣，我應該怎麼辦」是一個實踐問題。

親密關係的經營，是一個需要實踐的科學領域。作為一個關係經營的實踐者，你需要不斷問自己三個問題：

第一，我要去哪裡？

例如，我要改善我們的關係，還是要報復他？我要接受他，還是要改變他？我要修復這段關係，還是要離開他？……

面對親密關係中的難題，很多人只是順應自己的情緒進行反應，從沒想過要去哪裡。但只有先把目標確定下來，才能走上解決親密關係問題的道路。

要去哪裡，無關對錯，只關乎你的選擇。很多人說，我不做選擇，我要看他怎麼處理，是否讓我滿意，然後再來決定怎麼做——這當然也是一種選擇。但你要知道，這種選擇本質上是逃避你自己在親密關係中的責任，把決定的權力完全交給對方。這無益於親密關係的改善，反而會讓兩個人越來越疏離。

第二，我處理問題的方法能不能帶我去那兒？

去哪裡，無關對錯；能不能帶你去那兒，卻有「對錯」。這種「對錯」不是做倫理判斷，而是對效果好壞的評估。它讓我們可以根據目標審視自己處理問題的方法。如果你的目標是改善跟伴侶的關係，而你處理問題的辦法反而會對你們的關係造成傷害，那說明這個方法是行不通的。

很多人都希望伴侶改變，但常用的處理方式卻是貶低、抱怨、爭吵。這些方式背後隱含著對伴侶的不認同，因此常常會激發伴侶的反擊。最後不僅無法改變伴侶，反而會把兩個人的關係搞僵。

所以，我經常對想要改變伴侶的來訪者說：「真正的改變是伴侶感到被認可後，願意為你做出改變。要想改變他，先要改變你對待他的方式和處理問題的方法。」

當然，處理問題的方法不是一下子就能找到的，需要在實踐中去摸索。而這個過程中最難的，就是克服自己反應的本能。在親密關係的實踐中，你會對自己的處理方式有更多的覺察和反省。這時你就可以說，自己是真的在「經營」親密關係了。

第三，如果這個方法不能帶我去想去的地方，有沒有其他有效的方法？

我曾經接待過一對年輕的夫妻，丈夫創業很忙，跟妻子約好一起去做一件事情後，常常因為「公司有個重要會議」、「今天忽然有個重要客戶要見」等理由爽約。每次丈夫爽約，妻子就會很生氣，覺得自己被忽略了，不斷向丈夫抱怨。這讓丈夫難以忍受，久而久之，丈夫開始躲著妻子，即使沒事也會以開會為藉口逃避約會。這變成了一種惡性循環。

該如何處理這個關係難題呢？一般的想法是讓丈夫安排好自己的工作，不要輕易爽約，或者讓妻子體諒丈夫，不再因為丈夫爽約而生氣。

但這只是一種理想狀態。實際上，丈夫已經承諾過幾次要改變，卻因為工作沒法完全遵守承諾，而他每次爽約都會讓妻子更不信任他。

原來的做法沒有效果，那就要重新審視現實，尋找其他有效的途徑——這就是第三個問題發揮的作用。我問這個妻子：「你丈夫已經承諾要改變了，可是如果因為各種原因，他還是爽約了，怎麼做才能讓你不那麼生氣呢？」

我也問她的丈夫：「雖然你已經在盡力改變了，但有時確實不能完全做到答應的事，你妻子還是會生氣，怎麼做才能更好地安撫她？」

他們開始討論。最後妻子提出：「例如說約好了要一起吃飯，你不能來，但你提前幫我安排了一個其他活動，哪怕你只是問我一下要不要去（其他活動），我也會覺得好很多。」

丈夫說：「好，以後萬一我又爽約，就想想怎麼安排比較好。實在想不出來怎麼安排，我就問問你。」

就是多問一句，其實並不難，而這樣妻子就會感覺自己被重視了，丈夫也不再逃避約會了，兩個人的關係有了明顯的改善。

不是問「怎麼達到理想狀態」，而是問「如果達不到理想狀態，我們有什麼辦法去應對眼前的問題」。「處理」最終要改變的，不是外在的事情，而是我們應對事情的辦法。而這個辦法，只有在理解關係、立足現實的基礎上才能找到。

發現了嗎？在一段親密關係裡，你要用關係的視角看清事實背後傳遞的資訊，然後選擇正確有效的處理方式。「關係」和「處理」看似簡單，卻蘊藏著豐富的智慧，也包含與傾聽、深度溝通、執行有關的多項軟技能。

親密關係是我們大半段人生都要面對的課題，值得投入時間和精力。願你通過學習，擁有一段良好的親密關係，經營好一個幸福的家。

你要用關係的視角看清事實背後傳遞的資訊，然後選擇正確有效的處理方式。

「關係」和「處理」看似人簡單，卻蘊藏著豐富的智慧，也包含與傾聽、深度溝通、執行有關的多項軟技能。

陳海兒

第二十九封信

成年人需要
什麼樣的友誼

戴愫

戴愫

跨文化研究專家，企業管理培訓專家，從事企業培訓工作超過十年。

代表作：

《不懂年輕人你怎麼帶團隊》[1]

《微交談：如何提升和陌生人的社交力》[2]

《不會寫，怎敢拼外企》

主理得到 App 課程：

《有效提升與陌生人的社交能力》

《有效提升你的職場寫作能力》

《怎樣成為人脈管理的高手》

---

1 繁體版《不懂年輕人，你怎麼帶團隊》，2021 年，莫克出版。
2 繁體版《微交談：告別「聊天終結者」！只要 3 步驟，一開口就能在 5 分鐘內贏得好感，陌生人也能馬上變朋友！》，2021 年，平安文化。

各位讀者朋友：

你好，我是戴愫。

作為社交力的培訓師，我經常問學員這個問題：成年人想要的友誼是什麼樣的？

我嘗試把學員們的描述匯總了一下：

成年人的友誼是彼此不滲透是非觀、不求證八卦、不試探動機，是彼此補充認知、默默關注、惺惺相惜。朋友不一定能為你的問題直接提供解決方案，但朋友是你的眼耳鼻舌身的延伸，他們傳遞過來的經驗，讓你對這個世界色聲香味觸的體驗更為豐滿。

如果這也是你想要的成年人的友誼，那麼與之匹配的社交力是什麼樣的呢？

肯定不是不分對象地攀談，誰有那麼多時間！對社交的最大誤解之一，就是以為要多多交朋友，於是有人宣稱自己不是社恐，而是社懶、社累。事實上，成年人對時間投入的性價比非常敏感。成年人打造社交力，只為「不錯過不該錯過的人」。

你可以把社交力想像成一盞神燈——之所以要時時擦拭它，就是

為了在那個「不該錯過的人」出現時，神燈可以瞬間將你照亮。

社交力是一門綜合的藝術，它包括口頭表達、邏輯思維、舉止儀表、臨場應變、察言觀色等多項能力。在運用這些能力的時候，你還需要舒適、放鬆，享受交談，從容做自己。確實挺難的，尤其對年輕人而言——年輕人在形成自我身份的過程中，被社交媒體上的朋友全天候地觀察、比較、評論，這導致他們社交平台使用得越多，在真實社交中就越畏首畏尾、謹小慎微。

其實社交可以很好玩，也有很多工具和方法能幫你駕馭社交場合。我從中選了兩個，和你分享，助你一臂之力。

第一個工具是找「交集故事」，做有準備的破冰。

對，哪怕是第一次見面，我們也可以是熟悉的陌生人，因為我們的過往有交集。

有一次，我要去見輝瑞的高層。按照習慣，我會提前在網上搜索他的資訊，包括他的工作經歷、接受過的採訪、參加過的活動、發表過的觀點，等等，然後從這些資訊中找「交集故事」。要嘛是地點上的交集（我們都在某個城市生活過），要嘛是人上的交集（我們都認識某個人），要麼是觀點上的交集（我認同他的某個觀點，並有故事支持）。但那次見面實在匆忙，我沒有時間事先做準備，該怎麼辦呢？

我想到他公司的最有名的產品，著名的威而鋼。於是，一段陳年往事湧上心頭。

見面後一坐下來，我故作神秘地對他說：「您知道嗎？雖然和您是第一次見面，但我和您公司的『藍色小藥丸』早就結下了不解之緣，我買過好多。」

他有些驚訝：「哦？」這個大膽的開場白，他大概沒料到。

我說：「那些年，我在美國接待國內朋友的時候，『藍色小藥丸』可是他們購物清單上必不可少的商品。而且──」我慢慢壓低聲音說，「每個人都聲稱是為朋友買的。」

我們心領神會地大笑起來，接下去的對話就很愉快地展開了。

第一印象的形成速度很快，因為這是潛意識裡的行為。**初次見面，出於禮節，大家通常會矜持地打哈哈；如果你能迅速找到細節切入，就很容易鎖定對方的注意力，並激發默契。**

▬

在美劇《絕命律師》（*Better Call Saul*）裡，有一個教科書級別的用閒聊開啟商務會面的片段：

律師霍華德‧漢姆林精神抖擻，和同事一起站在律師事務所大廳裡迎接 VIP 客戶，梅薩維德銀行的總裁凱文‧華特爾。

在互相介紹完姓名、職務之後，他們並沒有直接談業務。霍華德便抓緊時機閒聊起來他說：「凱文，跟你說個真事，七歲的時候，我的第一個銀行帳戶就是在梅薩維德銀行開的，你信不信？」

總裁饒有興趣地說：「我當然信。我也是。那時還是我爸爸在負責經營呢。」

霍華德拋出細節：「我還記得我的一本存摺的封面上有一個剪影……」

總裁搶答：「是牛仔！」

霍華德繼續描述細節，同時向對方展示內心世界的一角：「馬背

上的牛仔，站在仙人掌旁邊。我特別喜歡那個牛仔。」

總裁的回應更是帶著童真：「我當時一直在為買下那匹馬存錢呢。不然，錢對一個七歲的小男孩來說又有什麼用呢？」

隨後，大家在一片笑聲中走向了會議室。無疑，這段開場為他們創造了安全、舒適的氛圍。

當然，交談時的自信來自你充足的準備。為了找到好的「交集故事」，你要提前調研、提前構思，做個有心人。

再來看第二個工具，用 BRAVE 做深度聯結。

你之前可能聽說過，陌生人社交要找「五同」，也就是同鄉、同宗、同學、同年、同事。這五同中，如果找到了一同，說明你和對方很有緣分；如果找到了二同甚至三同，就會讓你們倍感親切。

相較「五同」，哈佛大學丹尼爾‧夏畢洛教授（Ph. D. Daniel Shapiro）提出的 BRAVE 模型，是一種更深層次的連結。在跨文化研究中，我把 BRAVE 理解為構建一個人文化身份的五大支柱，包括：

Belief：信仰。不僅指宗教，還指他能從什麼事物中汲取能量，以精神排汗、自我賦能。例如，知識、權力、成就、自然、關係等。

Ritual：儀式。他會規律性地做某事，並賦予其重要意義。

Allegiance：忠誠。他對某個人或某類人保持絕對忠誠。

Value：價值觀。他判斷是非對錯的標準。

Emotionall ymeaningful experience：那些情感上對他有意義的經歷。

終其一生，人們都是在這五大支柱的基礎上探索自我、構建自我。

如果你認真準備過申請大學的自我介紹、面試、職位競聘、績效面談等，你可能已經發現了，BRAVE 就是與錄取委員會、面試官、上級建立深度聯結的關鍵。

如何感知他人的 BRAVE 呢？

第一個途徑是去看他的微信朋友圈。BRAVE 中的幾個要素在一個人的朋友圈裡通常是自洽的。你在瀏覽朋友圈的時候，可以和自己玩一個遊戲，在心中完成下面這道填空題：「他在社交媒體上展示的一切只是媒介，他真正想展示的是一個（　）的自己？」

某人發了自己身著旗袍，懷抱滿月小寶寶的照片，這只是媒介，她真正想展示的是一個美麗、自律的自己；某人發佈了最新出版的圖書的讀後感，這只是媒介，他真正想展示的是一個處在文化思想前沿的自己；某人發佈了一個小眾旅行地點的風景照片，這只是媒介，他真正想展示的是一個有個性、有品味的自己；……而如果某人什麼都不在朋友圈發，怎麼理解？這也是媒介，他真正想展示的是一個不虛榮、不浮躁的自己。

每個人都是一台巨大的信號發射器。你接收到信號了嗎？

不光是微信朋友圈，在一個人的身上和周遭環境裡還藏有大量細節，這是你可以感知他的 BRAVE 的第二個途徑。

注意到那些細節了嗎？辦公室裡的佛像、桌上擺放的「最棒媽媽」

馬克杯、牆上標注了個人足跡的世界地圖，等等。不要放過它們——當你看見他辦公室裡有佛像時，你能否順勢講一下你對因果的認識？當你看見「最棒媽媽」馬克杯時，你能否分享一段你和孩子鬥智鬥勇的趣事？當你看見那張世界地圖時，你能否分享一個在旅行中經歷的顛覆了你認知的故事？

這些故事背後，蘊藏著雙方共同的 BRAVE：雖然我不是佛教徒，但我和你一樣，相信因果是世間的真理；我和你一樣，懂得做家長的苦與樂；我和你一樣，在探索世界的過程中，不斷將自己的認知推向新的邊界。

第三個途徑，當然就是從交談中即時獲取關鍵資訊。

我剛到新加坡時，如果聽到對方也是剛搬來新加坡的，我就會跟他說：「咱們倆經歷很像哦，你知道李光耀先生怎樣描述我們這樣的人嗎？他說，這種願意在陌生環境重新開始的人，一般都很有進取心和魄力，並一心要取得成功，而這些都是高績效者的主要特徵。」這幾句誇張的炫耀說法，總是可以迅速拉近我和對方的社交距離。

其實在交談中，對方已經說出了他是什麼樣的人。但請注意，沒有人會向你強行表白：「我告訴你，我的價值觀是……」每個人的 BRAVE 都蘊含在他的話語、他的故事裡。

《寂寞之聲》這首歌中，有兩句歌詞詮釋了無效社交的樣子：「People talking without speaking. People hearing without listening.」（人們說而不言，人們聽而不聞。）

　　網路上每隔一段時間就會討論一次「無效社交」這個話題，也總是有人執意把社交和實力捆綁在一起，認為沒實力就不要去社交——這種社會達爾文主義，完全把社交和實力的標準單一化了。

　　在我看來，即便一個人超有實力，當他想去結識朋友時，不把注意力放在交談中——他「聽」了，卻沒「聽到」——他也註定交不到朋友。這才是無效社交，和有沒有實力無關。**所以有人說：「我寧可和一個死人在一起，也不要和一個心不在焉的人在一起，因為死人雖然不能給我帶來快樂，但至少不會侮辱我。」**

　　能否與他人建立深度連結，不取決於你們相識的時間長短、交往的頻率高低，而取決於你是否讀懂了他的 BRAVE，並且被他知道你讀懂了。最理想的情況是，你的 BRAVE 和他的 BRAVE 有重疊之處。這可比傳統社交技巧中的「五同」厲害多了。

　　我們有時參加派對，收到的邀請函上會有 dresscode（著裝要求）。但這個世界更多的是不明說的 code。對上了味，接上了頭，才是同類人。

　　希望上述兩個工具能給你帶來啟發。

　　在溫飽無憂之後，我們追求的不是一生的穩定或一份工作，我們追求的是機遇，是更豐盛的人生。通常改變生活軌跡的就那麼幾件事，起助推作用的就那麼幾個瞬間，值得一輩子結交的朋友就那麼幾位，錯過這些，是我們不可接受的損失。

　　專業技能固然重要，但在這個萬物加速的時代，有些技術過三、

五年就可以丟到垃圾桶了；而我相信，社交力這項軟技能，可以和你一起穿越時間。

最後，我對你的期待是，請努力成為你圈子裡最差的那個。如果你所處的人群，在智力、品格、經驗、思考等任何一個方面都能為你提供榜樣，恭喜你！請緊跟這個人群——當你身邊都是值得信任和依賴的人時，你的表現定能超越預期。

成年人打造社交力，
只為「不錯過不該錯過的人」

第三十封信
如何建設
有意義的人際關係

梁寧

梁寧

著名產品人。曾任湖畔大學創研中心產品模組學術主任，聯想、騰訊高管，工作經歷橫跨 BAT（百度、阿里巴巴、騰訊），與美團、頭條、京東、小米等企業有長期深度交流。

出版作品：
《真需求》

主理得到 App 課程：
《梁寧・產品思維 30 講》
《梁寧・增長思維 30 講》

我親愛的讀者朋友：

見字如面。

羅振宇老師囑我給你寫一封信，談談自己行走江湖二十多年，有哪些軟技能傍身。

談具體的軟技能之前，先和你說我的一個觀察吧——人遇到難事過不去，要嘛是認知不足，要嘛是能量不足；但歸根結底，還是因為能量不足。

所以，管理能量是比管理時間更本質的人生課題。

我看過很多人在網上分享自己的時間管理心法，把時間切得碎碎的、塞得滿滿的，每天都在時間格子裡跳來跳去，打一個又一個卡，考一個又一個證，曬出一大堆打卡記錄和證書作為時間管理的成果。

這確實展示了自己「卷」自己的能力。而我對此的疑問是：在時間格子裡生活一段時間後，你的「能量」提升了嗎？

你可以做一個簡單的測試：曾經把你難住的事情、困住的處境，以你今天的認知和資源是否能輕鬆化解？

某天，我路過一所小學，看到一個小學生蹲在校門口哭。一問，原來是他丟了二十元，不敢回家。

二十元，對任何一個有工作的人來說都不是什麼難題，但它可以讓一個小孩哭得如遭大難。

我掏出二十元給了這個小朋友，告訴他錢放在什麼地方不容易丟，然後我邊走邊想起新聞裡那個因學費被騙而自殺的準大學生，一個如花年齡的女孩。但凡那個時候有人向她伸出援手，幾年後，當她走上開始工作再回頭看時，她就會發現，曾經讓一個人活不下去的錢，現在不過是一個月的薪水。

每個人都會遇到難事。深陷其中時，我們都是那個因為丟了二十元在校門口痛哭的孩子。但你應該有一個覺知：這麼難，是因為自己能量如此；未來的能量增長到遠高於今天的時候，問題是可以迎刃而解的。

如何提升自己的能量呢？

這個話題可以寫一本書。如果只談一條，我認為是「有意義的人際關係」。

「關係」二字，「關」是連結的指向與目的，「係」是連結的紐帶和方法。大學畢業後，我用了十多年來體悟關係這件事。這封信的空間有限，先按照「得到」的慣例，給你「上交付」。

把建立一段關係是出於情感還是出於功利作為縱軸，再把關係的對象是個人還是組織作為橫軸，就可以劃分出四個象限。下面這張象限圖（見圖 30-1）大致概括了我見過的各種關係類型。

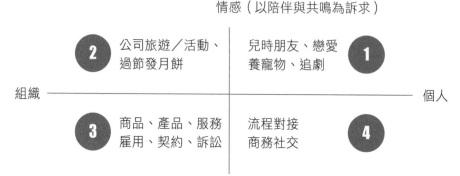

圖 30-1 關係象限圖 1.0

　　象限 1 是個人對個人的情感關係，在一起聊得來、有共鳴，彼此分享、互相陪伴，就是關係本身。兒時的朋友就是如此，這是我們關於關係最早期的體驗，它也成了我們對關係最美好的期望。

　　象限 2 是組織對個人的情感關係，例如公司旅遊／活動、過中秋節發月餅，公司提供的種種關心構成了大家浸泡其中的工作氛圍和企業文化。

　　象限 3 是組織對個人的功利關係，這是邊界清晰的交易條款，你會在某些時刻體會到它的剛性。

　　象限 4 是個人對個人的功利關係，因為對彼此的資源、能力有需求而建立的連結是另一種形態的關係。進入社會後，你開始商務社交，把自己壓縮為一張二維的名片，名片上印有單位與職位，代表著你在某個坐標系的某個位置，而這個位置又指向某種資源和能力。位置在，關係就在；沒有位置，就沒有關係。

當然，還有很多關係表現出了跨越多個象限的複雜面向，既有情感的一面，也有功利的一面，既屬於個人，也屬於組織，你可以把它理解為更具彈性和灰度的關係。

———

年輕時處理關係的笨拙，很多時候是因為在這幾個關係象限裡放錯了預期。

有一篇紅遍網路的文章《公司不是家》曾經引發了無數人的共鳴與共情，而這本質上就是一種預設錯位——個人與公司的關係屬於象限 3，應該是邊界清晰的交易關係；公司購買你的技能、資源和影響力，或者說是你利用公司把自己的技能、資源和影響力變現。而作為員工的你對公司常態化的感知卻是象限 2，你感受到的是公司的關懷、培養和溫情。但你再想一想，公司付出關懷、培養和溫情，並不是這段關係的目的啊。

這種自我感受與關係預期的錯位，也曾讓我困擾良久。

例如，我把朋友乙推薦給朋友甲，後來乙入職了甲的公司。甲公司的 HR 給我打電話，說老闆要給我幾萬塊的獵頭費。我非常錯愕，覺得這是在羞辱我。

但在甲看來，因為我沒有收錢，我們的關係降級了。如果我把獵頭費收下，他就可以繼續請我幫他找人，而我也會更有動力；我們彼此的預期很清晰，聯繫也會更緊密。而正因為我不肯收錢，我們之間就成了有一搭沒一搭的鬆散關係，甚至有可能會失去聯繫。

再例如，我偶然認識了朋友丁，與他一見如故，引為知己。接著

我發現，每次他找我都是先閒聊，然後順便提起他遇到的一個困難。於是我就會主動說，我可以為他介紹某個資源。

之後的某個小聚會裡，好巧不巧，在座的幾個人都分別收到了丁發來的資訊，每個人都認為丁是單獨發給自己的，也都認真對待了。我和坐在我左邊的朋友說話，他收到了丁的微信；我又扭臉和右邊的朋友說話，她正在回丁的微信。

我有了某種頓悟，那種一見如故，其實是丁的技能點[1]。

於他來說，認識每一個人都像開盲盒一樣有趣。所以他有極大的好奇心和耐心聽人講自己的故事，並坦露他的想法，讓對方大起知己之感。

丁非常享受社交，也極大地收穫了主動社交的紅利。當然也可以反過來說，他享受到了主動社交的紅利，所以繼續主動社交，社交技能不斷增強，形成了增強回路。

在那一瞬間，我對丁產生了某種排斥心理，因為我完全可以想像，在他的「人脈雲」裡，我大約被打上了什麼樣的標籤。當他遇到某類問題時，就會通過相關標籤找到我。

我當他是朋友，而他當我是一個資源包或者技能點，這讓我有受傷的感覺。

這種與人交往中反覆受傷的感覺讓我思考，甲和丁為什麼要這樣做？他們的做法是對還是錯？還有，我的受傷感來自哪裡？我應該如何

---

[1] 遊戲用語，在現實生活中，也指某人的特定技能高超。

應對，如何與人交往？

然後我看到了自己的幼稚——已然成年的我，還像一個孩子，認為只有個人化、情感化的關係才是友誼的樣子，才是美好的、高尚的、值得維繫的。我就這樣把和朋友甲的關係預設在象限1裡，他找我幫忙，事成了他開心我也開心。當然，我也有一個內在的預期，就是當我請他幫忙的時候，他也應該幫我，否則會傷感情。

這就叫幼稚。

因為現實是，作為一個創業者、一個企業家，朋友甲的企業是他的法身，是比他的肉身與情感更重要的存在。他締結的大部分關係，都是與他企業的關係，都在象限3，所以才是他的HR給我打電話談付費。而反過來，如果我找他幫忙，他也會從企業利益出發，判斷幫還是不幫。這與所謂的有沒有交情、開不開心一點關係都沒有。

我把和朋友丁的關係同樣設定在象限1，而事實上，我們的關係應該在象限4。作為一個主動社交者，吸引丁投身社交的，就是每個人身上的資源。所以，他看到了我的某些資源或者能力，是這段關係的起點；他有問題來找我，而我能持續表現出價值，則是關係能夠維持的原因——並不是因為我們聊天聊得很盡興。

看清這一點，我的新問題是：我還要繼續和甲、丁做「朋友」嗎？或者說，我需要什麼樣的朋友？我應該對什麼樣的關係主動投入？

基於這些問題，我反覆運算了一版關係象限圖（見圖30-2），用它來指導我的社交。如果說前一版象限圖是我對社交網路的世界觀，這一版新的象限圖則是我在人生觀指導下的社交內在秩序。這裡與你一併分享。

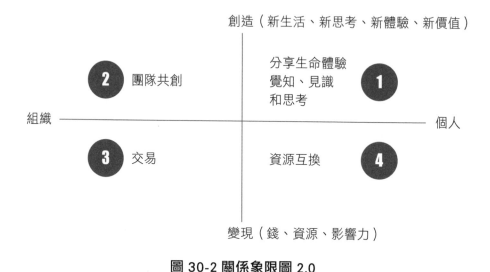

圖 30-2 關係象限圖 2.0

　　人生就是創造與變現,這是我一直以來的人生觀。用更文雅的表述來說就是:**創造新價值,並讓價值流動。**

　　得到 App 的很多用戶知道,我一直在為創新鼓與呼。創新本身是不賺錢的,它只是投入成本做出以前沒有的東西,賺錢來自變現。很多商人的成功,是找到了可持續變現的東西;很多創新的不成功,是它無法變現,因而不可持續。

　　我的人生需要的,是能與我一起創新的人(或組織),或者能幫我變現的人(或組織)。所以這一版象限圖上的各種關係,是我人生觀主線上的關係,也是我應該主動去投入、聯結的關係。這個過程中,縱使聯結體驗稍有不爽,我也應該忍耐並努力維繫關係(緣分)。

　　如果一個人(或組織)既不能幫助我創新,也不能幫助我變現,

我還要給他（它）幫忙嗎？如果事到眼前，只需舉手之勞，且與人有益，當然應該幫。只是要當自己的幫忙如風過耳，不必對後續有所期待。生命能量有限，當用在使命有關上。

━━

以上就是我自己行走江湖，從笨拙到主動，處理人際「關係」的故事。

回到信的開頭，我和你談到關係這件事，是因為「能量管理」。

好的關係，一定能讓你的能量是增強與流動的，而不是壓縮與限制的。一段關係帶給你的能量感知，相信你一定有認識。

有人測量過不同情緒體驗下的能量頻率，發現「幸福」是一種極高的能量狀態。而哈佛大學的一項研究成果說，人的幸福無關金錢，人際關係才是唯一重要的因素。

過去三年，堪稱滄海桑田；未來十年，必然日殊月異。**我們每個人，都有可能主動或被動地去到新的領域、新的空間，在新的坐標系裡締結新的連結。**

願你能夠篤定，以內在秩序應對外界的變幻。

願你能夠識別出哪些是有意義的關係，哪些是值得珍惜的緣分，並好好把握。

願你能量增長，今天困擾你的，在未來回看時不值一哂。

願你在任何處境裡，都擁有幸福的能力。

好的關係，
一定能讓你的能量是增強
與流動的，而不是壓縮與
限制的。

一段關係帶給你的能量感
知，相信你一定有認識。

第三十一封信

說明：你可以在本頁寫下你想創作的主題和你的姓名。

個人簡介

說明：你可以在本頁用幾句話介紹一下你自己。

說明：你可以從本頁開始寫作你的《軟技能》文章，也歡迎你在
社交平臺分享你對軟技能的思考，與身邊的人一起修煉軟技能。

軟技能

軟技能

soft skills，讓你不過時、不貶值、不消失，工作與人生的升級說明書
軟技能

作　　　者	劉潤、李笑來、萬維綱、吳軍、劉擎、薛兆豐等著
書籍策劃	羅振宇、脫不花
封面設計	兒日設計
內頁構成	高巧怡
行銷企劃	蕭浩仰、江紫涓
行銷統籌	駱漢琦
業務發行	邱紹溢
營運顧問	郭其彬
責任編輯	林芳吟
總　編　輯	李亞南
出　　　版	漫遊者文化事業股份有限公司
地　　　址	台北市103大同區重慶北路二段88號2樓之6
電　　　話	(02) 2715-2022
傳　　　真	(02) 2715-2021
服務信箱	service@azothbooks.com
網路書店	www.azothbooks.com
臉　　　書	www.facebook.com/azothbooks.read

發　　　行	大雁出版基地
地　　　址	新北市231新店區北新路三段207-3號5樓
電　　　話	(02) 8913-1005
訂單傳真	(02) 8913-1056
初版一刷	2025年1月
初版三刷 (1)	2025年2月
定　　　價	台幣499元

ISBN　978-626-409-047-6

本著作中文簡體版由新星出版社出版
本作品中文繁體版通過成都天鳶文化傳播有限公司代理，經北京思維造物資訊科技股份有限公司授予漫遊者文化事業股份有限公司獨家出版發行，非經書面同意，不得以任何形式，任意重制轉載。

國家圖書館出版品預行編目 (CIP) 資料

軟技能：Soft skills，讓你不過時、不貶值、不消失，工作與人生的升級說明書/ 劉潤、李笑來、萬維綱、吳軍、劉擎、薛兆豐等著. – 初版.-- 臺北市：漫遊者文化事業股份有限公司出版；新北市：大雁出版基地發行, 2025.01
　面；　公分
ISBN 978-626-409-047-6(平裝)
1.CST: 職場成功法
494.35　　　　　　　　　　　　113019268

漫遊，一種新的路上觀察學
www.azothbooks.com
漫遊者文化

大人的素養課，通往自由學習之路
www.ontheroad.today
遍路文化‧線上課程